Dr. Rick Feinberg

Verrückte Patente

Von der tönenden Kloschüssel
bis zum Hunderegenschirm

Eichborn.

Titel der Originalausgabe PECULIAR PATENTS
1994 by Carol Publishing Group, New York

Die Deutsche Bibliothek – CIP-Einheitsaufnahme

Verrückte Patente : von der tönernden Kloschüssel bis zum Hunderegenschirm / Rick Feinberg. Aus dem Amerikan. von Martina Michelsen. – Frankfurt am Main : Eichborn, 1996
ISBN 3-8218-3395-5

Umschlaggestaltung: Rüdiger Morgenweck unter Verwendung einer Abbildung aus dem Buch.
Übersetzung: Martina Michelsen.
Vorwort: Matthias Bischoff.
Gesamtherstellung: Fuldaer Verlagsanstalt GmbH, Fulda
ISBN 3-8218-3395-5
Verlagsverzeichnis schickt gern:
Eichborn Verlag, Kaiserstraße 66, 60329 Frankfurt

»Begraben ist in ewige Nacht
Der Erfinder großer Name zu oft.«

Wie recht Klopstock doch mit dieser in seinen »Oden« geäußerten Klage hatte! Täglich werden die Patentämter in aller Welt mit den Ergebnissen des unermüdlichen menschlichen Erfindergeistes beglückt. Doch nur die wenigsten Erfindungen werden später auch wirklich in die Tat umgesetzt, will sagen: erfolgreich als Produkt vermarktet.

Dieses Buch reißt einige findige Köpfe aus dem Dunkel der Vergessenheit und stellt ihre Innovationen der staunenden Öffentlichkeit vor. Denn nichts auf der Welt ist so perfekt, als daß es nicht verbessert werden könnte. Oft sind es die scheinbar nebensächlichen Probleme des Alltags, auf die sich die Gabe der Tüftler stürzt und mit den überraschendsten Ergebnissen aufwartet.

Dabei fördern sie Lösungen für Probleme zutage, die jedem von uns sicher auch schon einmal aufgefallen sind. Wie bringt man beispielsweise Kleinkinder dazu, den Gang aufs Töpfchen als spaßbringende Tätigkeit zu empfinden? Ganz einfach, man installiert eine Spieluhr und belohnt so die Kleinen für jedes getätigte Geschäft mit einer hübschen Melodie. Aber auch über die Bestrafung von Kindern haben sich drei Erfinder Gedanken gemacht. Sie gehen dabei von der sehr scharfsichtigen Beobachtung aus, daß angesichts einer von den Eltern ausgesprochenen Strafe, ein Konflikt zwischen Eltern und Kindern selten ausbleibt. Ob dieser freilich aus der Welt geschafft ist, wenn man durch das Drehen am »Bestrafungsrad« so tut, als sei die Strafe irgendwie von oben verhängt und damit objektiv, möge jeder Leser für sich entscheiden. Die Kinder jedenfalls wissen wahrscheinlich sehr gut, daß es immer die Eltern sind, die das Rad mit Begriffen füttern und schließlich auch am Rad drehen.

Wie in diesem Fall, so spürt man auch bei vielen anderen Erfindungen die üblen Erfahrungen, die die Herren und Damen Erfinder mit ihren Mitmenschen gemacht haben müssen. Oder wie sonst ließe sich die höchst zwiespältige Vision von Stromschlägen in Autositzen erklären, die an alle jene verteilt werden, die dem Fahrer Übles wollen?

Erfindern sind Menschen, die von dem Glauben beseelt sind, daß sie durch ihre Tat die Welt ein bißchen besser machen; hochherzige Geister, die an den unaufhaltsamen Fortschritt, die Perfektibilität des Menschengeschlechts glauben. So etwa der Kalifornier Douglas C. Fox, der durch sein Baby-Radiogerät (die werdende Mutter trägt es auf dem Bauch) »glücklichere, intelligentere und wachere« Kinder auf die Welt kommen sieht. Ach, wenn es doch so einfach wäre ...

Aber so sehr man auch Schmunzeln mag und immer wieder den Kopf schütteln muß, angesichts der skurrilen Ideen, die sich in den hier aufgeführten Patenten manifestieren, sollten wir doch nie vergessen, daß wir ohne solche liebenswerten Tüftler vielleicht noch heute ohne Feuer und ohne Rad in Höhlen herumsäßen und daß es immer einen braucht, der als erster ruft: »Heureka! Ich habe da eine ungeheure Idee ... !«

In diesem Sinne viel Spaß und eine anregende Lektüre.

Und übrigens: Alle Erfinder, denen dieses Buch in die Hand gerät, sind herzlich eingeladen, dem Verlag von ihren Taten zu berichten – zumindest dann, wenn sie auch schon ein Patent angemeldet haben. Wir freuen uns auf ihre Zuschriften.

OUTFIT

Die meisten Menschen haben in der Bekleidung ihren eigenen Stil. Für Erfinder aber ist gewöhnlich die Funktion eines Kleidungsstückes wichtiger als der Stil. Natürlich, die Merkwürdigkeiten von heute sind die Moden von morgen, und vielleicht werden wir in nicht allzu langer Zeit computerisierte Kleidung tragen. Die Patentliteratur enthält zahllose Beispiele spezieller Bekleidungsstücke für verschiedene Zwecke und Aktivitäten. In diesem Kapitel führen wir einige davon vor.

Schutzanzug gegen Haie

Patentnummer: 4,833,729
Patentdatum: 30. Mai 1989
Erfinder: Nelson C. Fox/Rosetta H. V. G. Fox
beide aus St. Georges, Bermuda

Der Schutzanzug gegen Haie besteht aus einem Gummianzug mit Helm einschließlich Gesichtsschutzmaske, die den Körper des Benutzers vollständig bedecken. Anzug und Helm sind dicht mit Nägeln bestückt, deren Spitze nach außen weist; das hindert die Haie daran, sich in den Benutzer des Anzugs zu verbeißen. An den Körperstellen, wo im Fall des Falles ein besonderer Schutz nötig ist, sind in dem Anzug Metallplatten befestigt. Das Schaumstoff-Futter des Anzugs erleichtert dem Benutzer zusätzlich das Schwimmen.

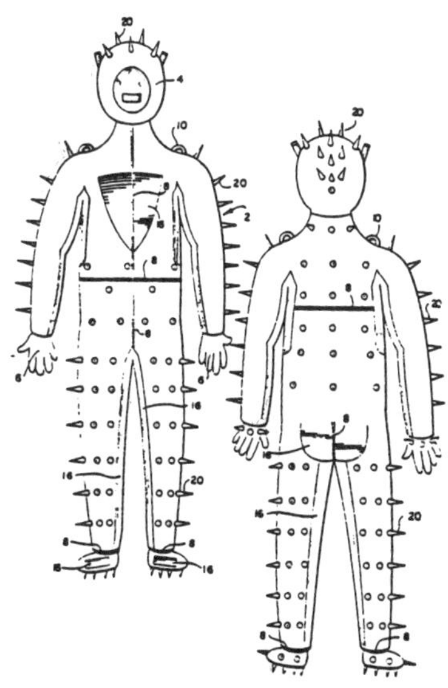

Mit Helium gefüllter Sonnenschirm

Patentnummer: 5,076,029
Datum: 31. Dezember 1991
Erfinder: Frederick J. Sevilla, Mesa, AZ

Der Sonnenschirm besteht aus zwei widerstandsfähigen, aber flexiblen Stoffstücken, die in jeweils passender Form und Größe zugeschnitten und an den Ecken miteinander verbunden werden, so daß sie zusammen eine flache, ballonartige Struktur bilden. In den Stoff sind kleine untereinander verbundene Kanüle eingenäht, die die Struktur erhalten, ohne daß sich der Stoff bei Wind aufbauscht. In den Luftraum zwischen den zwei Stoffen wird durch ein Ventil Helium eingefüllt, so daß der gesamte Aufbau ohne Stangen oder Stützen in der gewünschten Position bleibt. Der Schirm wird durch Seile, Schnüre oder ein anderes bewegliches Verbindungsmaterial befestigt. Er soll Freiluft-Enthusiasten vor den Gefahren einer anhaltenden Sonneneinwirkung während all ihrer Aktivitäten schützen.

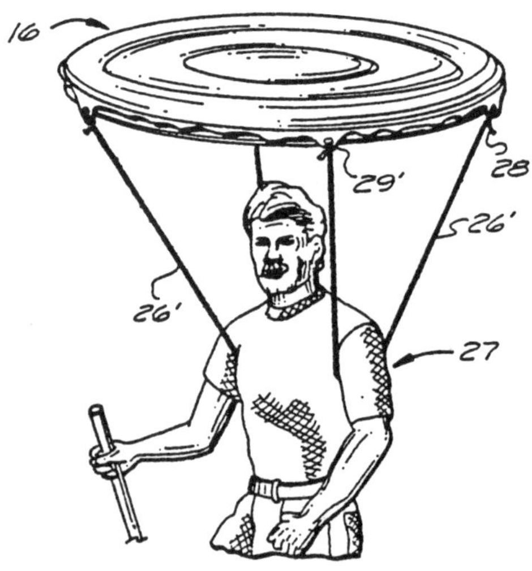

Der Brillenglas-Wischer

Patentnummer: 4,789,233
Patentdatum: 6. Dezember 1988
Erfinder: Edna M. Arsenault, Ware, MA
George Spector, New York, NY

Brillenglaswischer erhalten jede Brille ohne großen Aufwand in geputztem Zustand. Jeder Wischarm besteht aus einem Wischblatt und einer perforierten Röhre und wird mit einem kleinen Stift an das Brillengestell montiert. Der Wischer kann über einen kleinen drehbaren Knopf am Brillengestell in Bewegung gesetzt werden. Bei Drücken des Knopfes wird durch einen Kolben außerdem aus einem kleinen Behältnis eine Reinigungs-Flüssigkeit in den Wischerarm transportiert, der die Flüssigkeit dann auf die Brillengläser spritzt. Ein ähnliches Paar Wischer kann gleichfalls auf der Innenseite der Gläser installiert werden.

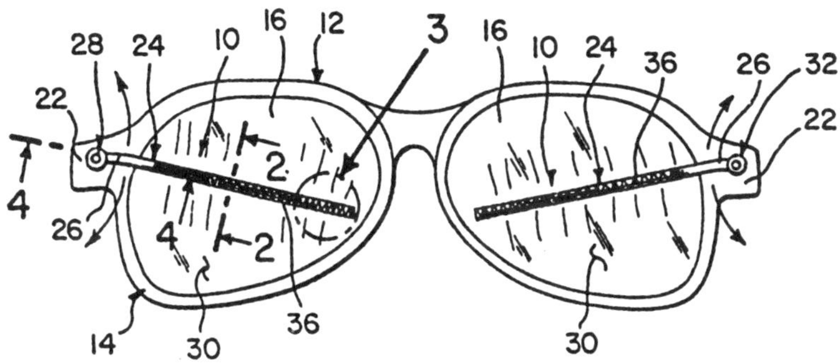

Die Selbsterziehungsbrille

Patentnummer: 5,175,571
Datum: 29. Dezember 1992
Erfinder: Faye Tanefsky/Michael R. McCaughey
beide aus Don Mills, Ontario, Kanada

Diese Brille versorgt ihren Benutzer mit unterschwelligen Botschaften zur moralischen und anderweitigen Besserung. Das besondere dabei ist, daß eine Botschaft zwar fortwährend vor den Augen des Benutzers erscheint, er sich aber dessen nicht bewußt ist. Der Benutzer kann daher jede Arbeit verrichten, seinen Beruf ausüben und sogar Sport treiben, ohne abgelenkt oder unterbrochen zu werden. Eine Auswahl der Botschaften kann auf transparenten, an den Gläsern befestigten Scheibchen verfügbar gemacht werden. Diese Scheibchen sind auf der Innenseite der Brillengläser oberhalb der Augenhöhe des Benutzers angebracht. Die stereokopische Fähigkeit des menschlichen Auges läßt beide Bilder zu einem verschmelzen. Schon nach 10–20 Sekunden verschwindet das Bild wieder, so daß sich der Benutzer seiner nicht mehr bewußt erinnert, es im Unterbewußtsein aber präsent bleibt.

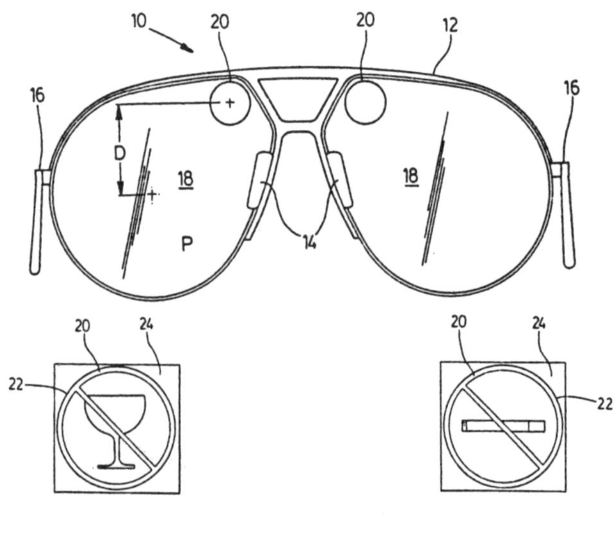

Tarngewand mit Lockvogelaufbau

Patentnummer: 5,197,216
Patentdatum: 30. März 1993
Erfinder: Raymond E. Norris, Mannford, OK

Zu dem Tarngewand mit Lockvogel gehört eine dem Kopf des Jägers angepaßte Kopfbedeckung. Von der Kopfbedeckung hängt ein weites Cape herab, das bis auf das Gesicht den ganzen Körper bedeckt und tarnt. Auf der Kopfbedeckung ist ein Lockvogel, ähnlich dem Vogel, der gejagt werden soll, angebracht. Dieser Lockvogel ist aus leichtem flexiblem Material und mit einem ebenfalls leichten Material, z. B. Styroporkügelchen, gefüllt. Körper- und Kopfbewegungen des Jägers können dem Lockvogel den Anschein einer realistischen Bewegung verleihen und damit den Effekt der Täuschung noch verbessern.

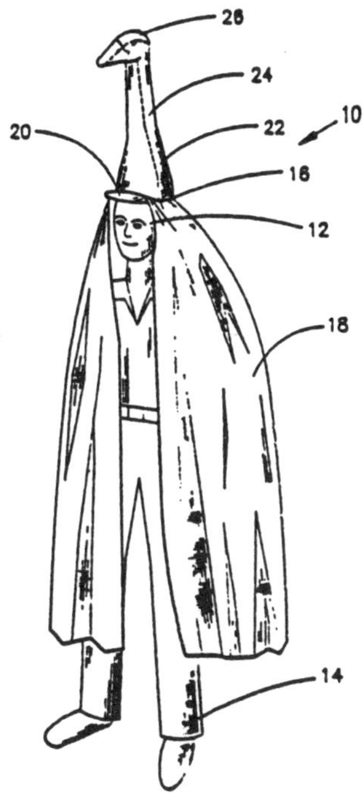

Ohrwecker

Patentnummer: 4,821,247
Patentdatum: 11. April 1989
Erfinder: Reginald M. Grooms, Conway, SC

Dieser persönliche Wecker kann in oder hinter dem Ohr getragen werden, so daß der Benutzer zu einer bestimmten Zeit alarmiert werden kann, ohne daß es selbst Danebenstehende bemerken. Man kann sich z. B. wecken lassen, ohne einen Bettgefährten oder eine Bettgefährtin zu stören. Das Weckergehäuse wird aus hartem Plastik oder entsprechend geformtem Hartgummi hergestellt. Die Spitze, mit der das Gerät im Ohr befestigt wird, ist aus einem weichen formbaren Material (wie z. B. Vinyl, Silikon oder Schaumstoff), das sich der jeweiligen Form des Gehörgangs anpaßt. Aufgrund der Nähe zwischen dem installierten Wecker und dem Gehör des Benutzers braucht der Weckton nicht durchdringend zu sein. Es kann aber auch ein Lautstärkeregler mitgeliefert werden.

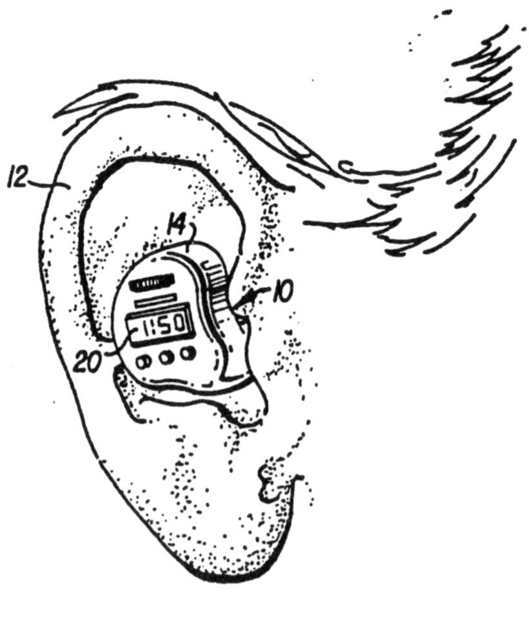

Kühlanzug

Patentnummer: 4,998,415
Patentdatum: 12. März 1991
Erfinder: John D. Larsen, Canoga Park, CA

Dieser Körperkühlung verschaffende Apparat ist in einer Umgebung sinnvoll, in der durch das natürliche Schwitzen keine ausreichende Kühlung erreicht werden kann. Der Kühlprozeß geht von einer leichten batteriebetriebenen Kühleinheit (21) aus, die aus einem Kompressor und einem Kondensator besteht. Eine unter Hochdruck entstehende kühlende Flüssigkeit, wie etwa Freon R 114, fließt in ein Schlauchnetzwerk aus beweglichen Schläuchen. Die Kühlung wird über das Verdunsten der Flüssigkeit innerhalb des Schlauchnetzwerks erreicht, das in einer Weste und einem Kopfband am Körper getragen wird. Für den Krankenhausgebrauch können die Kühlschläuche auch in eine Decke eingarbeitet werden. Das Einfließen der Flüssigkeit in das Schlauchnetzwerk wird über ein Ventil kontrolliert, so daß die zur Kühlung notwendige Flüssigkeitsmenge exakt bestimmt werden kann.

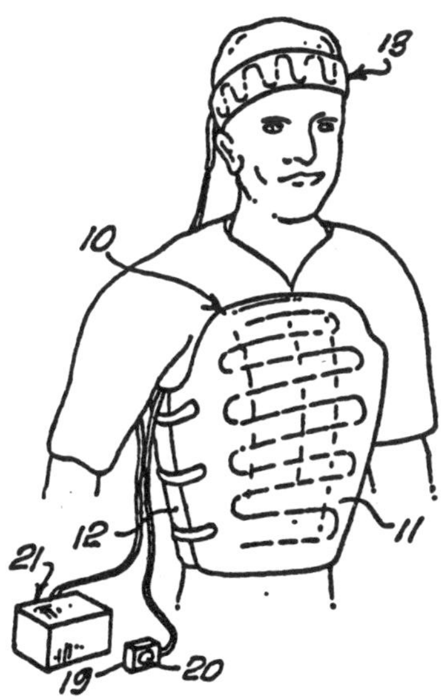

Schulterriemen-Stopper

Patentnummer: 4,811,876
Patentdatum: 14. März 1989
Erfinder: Michael S. Riggi, Tonawanda, NY

Schultertaschen sind heutzutage sehr beliebt und weit verbreitet. Viele Menschen jedoch halten das Tragen von Schultertaschen für beschwerlich, weil die dazugehörigen Schulterriemen so leicht verrutschen, oftmals sogar von der Schulter herabgleiten. Dieser Stopper verschafft Abhilfe: Eine Halterung wird mit einem hautverträglichen Kleber auf der Schulterhaut der Benutzerin befestigt. Auf dieser Halterung lassen sich verschieden große Stops für Schulterriemen anbringen, so daß man Schulterriemen von unterschiedlicher Dicke tragen kann. Der Kleber für die Halterung ist medizinisch getestet und besonders hautverträglich: Mit dem gleichen Typ Kleber werden medizinische Bandagen und Verbände am Körper befestigt. Dadurch ist die Gefahr einer Hautreizung so gut wie ausgeschlossen, und doch wird ein optimaler Halt gewährleistet.

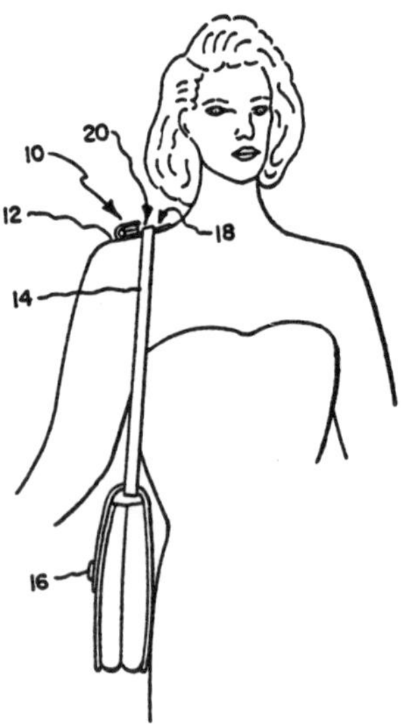

Hut-Apparat zur Steuerung des Luftzugs

Patentnummer: 5,085,231
Datum: 4. Februar 1992
Erfinder: Ronald A. Johnson, Union Grove, NC

Dieser Hut enthält ein Luftleit- und -filtersystem, das Schadstoffe, wie sie etwa beim Rauchen entstehen, aus der verbrauchten Luft entfernt. Darüber hinaus läßt sich der Innenventilator umkehren, so daß für gefilterte Luft, frei von Blütenstaub und anderen Reizstoffen, gesorgt werden kann. Das ist besonders für Nichtraucher vorteilhaft. Dabei führt der Ventilator (32) die Luft zunächst zur Kühlung über ein Gefrier-Gel und dann durch eine Filter-Membran (16). Die gereinigte Luft wird über eine Röhre (26) und eine zum Gesicht des Benutzers gerichtete Öffnung (42) ausgestoßen.

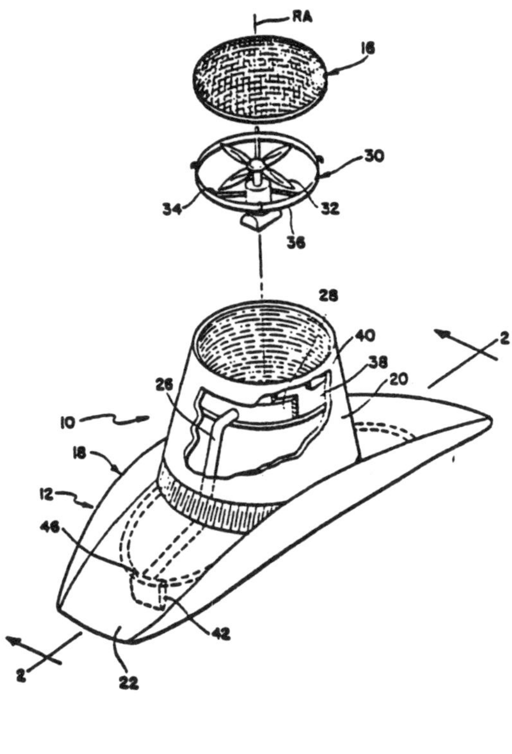

Mütze mit einer Vorrichtung zur Gehörverbesserung

Patentnummer: 5,189,265
Patentdatum: 23. Februar 1993
Erfinder: Mark P. Tilkins, Port Washington, WI

Diese Mütze enthält gerundete klappenförmige Vorrichtungen, die das Gehör des Benutzers verbessern. Die Mütze gibt es in unterschiedlichen Größen, und die gehörverbessernde Vorrichtung kann dem jeweiligen Kopfumfang und der jeweiligen Ohrlage angepaßt werden. Diese gehörverbessernde Vorrichtung schließt jedes Ohr in einer Art muschelförmigen Höhlung ein, bei der nur eine kleine nach vorwärts gerichtete Öffnung für Geräusche bleibt. Dadurch wird jedes Geräusch, das unmittelbar vor dem Benutzer entsteht, konzentriert und verstärkt an das Gehör herangetragen.

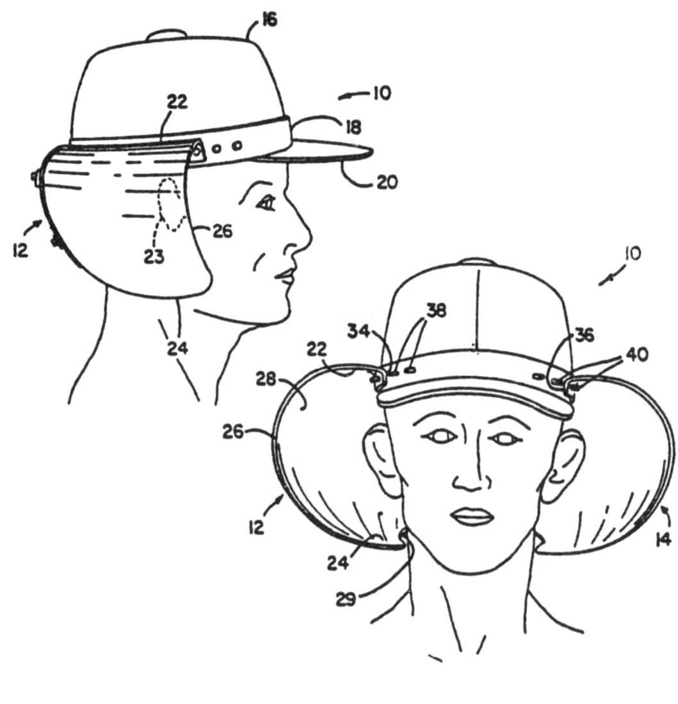

Apparat zur Aufbewahrung von Krawatten

Patentnummer: 5,181,670
Patentdatum: 26. Januar 1993
Erfinder: Douglas G. Eaton, Bloomington, IL
Robert D. Wallace, Bethany, OK

Diese Erfindung ermöglicht es, eine Krawatte über lange Zeit aufzubewahren, ohne daß sie Knitterfalten zeigt. Die Krawatte wird genau in der Mitte über eins der Schlips-Stängelchen (18, 20) geschlagen. Daraufhin wird das den Schlips haltende Stäbchen in einen Schlitz des transparenten, zylinderförmigen Behälters eingeschoben. Wenn man den Deckel (16) um seine Achse dreht, wird die Krawatte um die Schlips-Stängelchen gewunden und in den Behälter eingezogen. Der Behälter selbst kann so in einem Reisekoffer untergebracht werden.

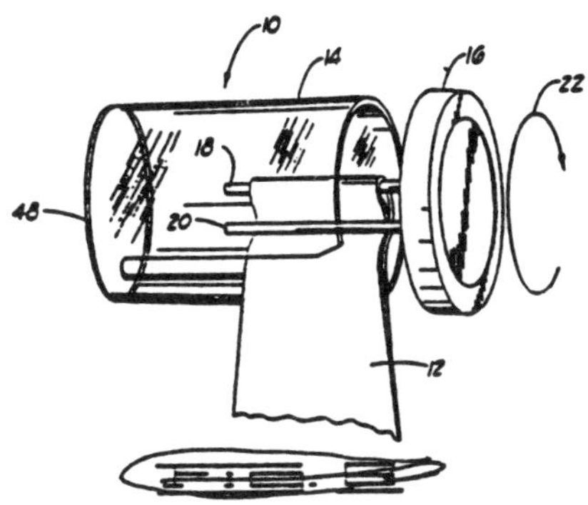

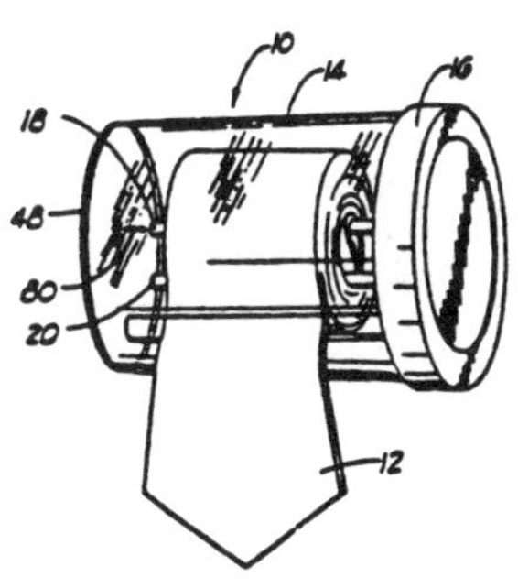

Wasser-Lauf-Schuh

Patentnummer: 4,801,284
Patentdatum: 31. Januar 1989
Erfinder: Tam T. Lieu, San Jose, CA

Der Wasser-Lauf-Schuh funktioniert nach dem Prinzip einer Taucherglocke: In der glockenförmigen Außenhülle wird Luft eingeschlossen. Die Schwimmkraft der eingeschlossenen Luft läßt sich nutzen, um das Gewicht des Benutzers zu tragen. Die Außenglocke besteht aus festem Plastik. Der Fuß des Benutzers wird mit einem verstellbaren Riemen (14, 16) an der Außenglocke befestigt. Auf der Verkleidung sind kleine Luftlöcher (22) eingelassen. Eine bewegliche Innenglocke (18) aus dünnem Plastik verschließt die Luftlöcher in dem Moment, in dem das Gewicht auf den Schuh gelegt wird. Wenn der Fuß gehoben und damit das Gewicht vom Schuh genommen wird, trennt sich die Innen- von der Außenglocke, so daß die eingeschlossene Luft entweichen kann. Dadurch wird der Saugeffekt überwunden und der Benutzer kann bei seiner Wasserwanderung den Fuß leichter von der Wasseroberfläche heben.

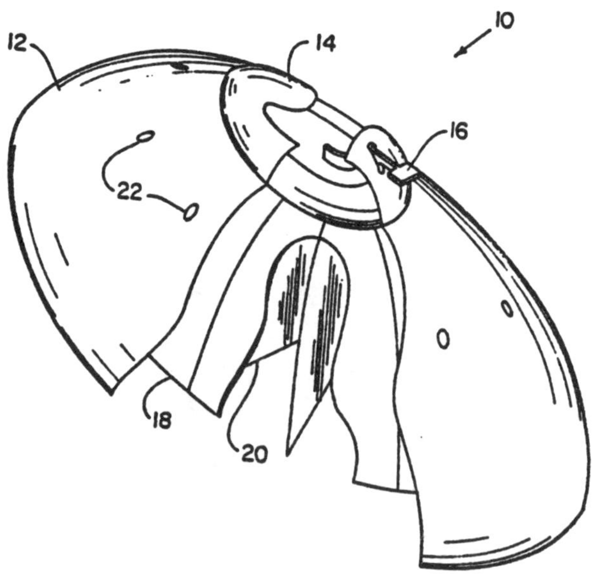

Sandale mit ursprünglich erdigem Fußbett

Patentnummer: 4,821,431
Patentdatum: 18.April 1989
Erfinder: Donald W. Rieffel, Tucson, AZ

Das Fußbett dieser Sandale dient dazu, die natürliche Erdboden-Oberfläche wiederherzustellen, auf der die Menschen vor der Einführung der allgemeinen Fußbekleidung gelaufen sind. Der Träger dieser Sandale läuft auch in städtischer Umgebung quasi auf ursprünglichem Erdboden: In dem Fußbett nämlich ist nicht nur der Fuß des Benutzers, sondern auch Sand oder anderes körnig-erdiges Material aufgehoben. Erde und Sand sind locker in die Sandale eingebettet, so daß sich beim Laufen beides kontinuierlich der Fußform des Benutzers anpassen kann. Unterhalb der Fußknöchel verhindern Borsten, daß Sand oder Erde aus der Sandale herausfallen können. Ein Trockenpulver kann hinzugefügt werden, um das Entstehen von Klumpen (durch Feuchtigkeit oder Schweißabsonderung) zu verhindern. Ebenso läßt sich bei Bedarf ein Deodorant und / oder Antifußpilzmedikament hinzugeben.

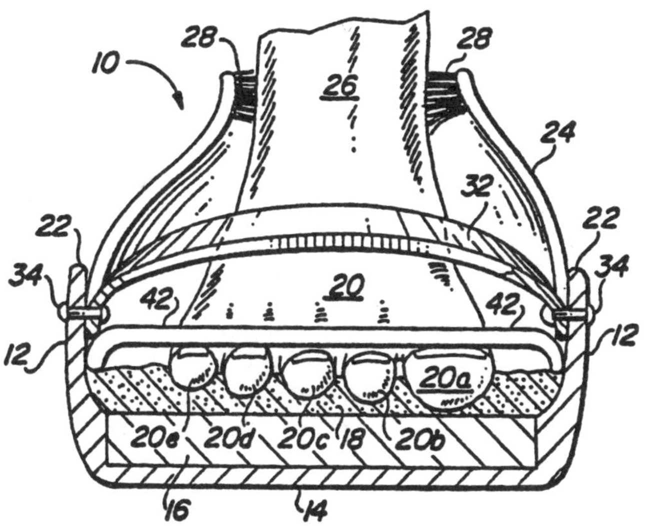

SCHÖNHEIT UND KOSMETIK

Die Erfinder haben auf ihrer Suche nach neuen Produkten auch die Eitelkeit der Menschen berücksichtigt. Es wurden Patente entwickelt, die sämtliche Körperteile und jede mögliche Veränderung im Alterungsprozeß betreffen, um jeden Menschen attraktiver erscheinen zu lassen. Auch in diesem Kapitel geht es um Erfindungen, die die Körperteile größer, kleiner, haariger, weicher oder einfach bildhübsch werden lassen.

Elektrische Komplett-Kopfhaube zur therapeutischen Schönheitsbehandlung

Patentnummer: 5,085,227
Patentdatum: 4. Februar 1992
Erfinder: Gerard Ramon, Gragnague, Frankreich

Die Komplett-Kopfhaube enthält ein leitfähiges Gel, das ähnlich einer Maske im Gesicht des Benutzers Anwendung findet. Das Gel besteht aus Polyvinyl-Alkohol, Ethanol, Wasser und einem gestaltgebenden Material, das für die Haut verträglich ist. Es wird über zwei Metallplatten mit einem elektrischen Kraftgenerator in Verbindung gesetzt. Die zwei Metallplatten sind auf gegenüberliegenden Seiten an einem Kopfclip montiert. Die leitfähigen Plättchen drücken durch wattige Pölsterchen, die mit einer salzigen Lösung getränkt sind, gegen die Maske. Die Pölsterchen sind hinter den Backenknochen auf Ohrhöhe befestigt. Die Höchstspannung des Kraftgenerators beträgt maximal 150 Volt bei einer Wiederholungsrate von 40 und 110 Zyklen pro Sekunde.

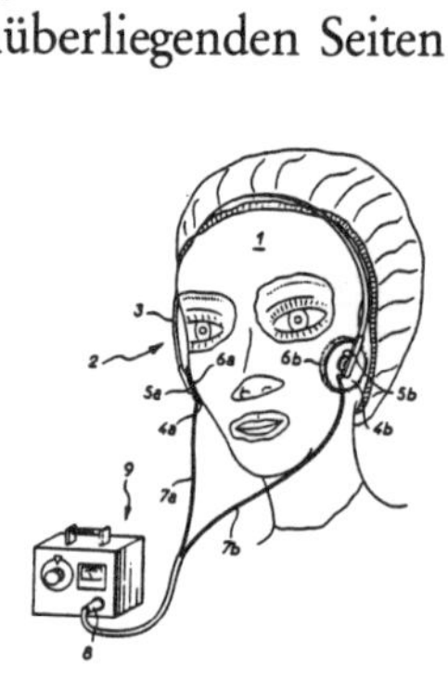

Instant-Gesichtslifting

Patentnummer: 4,995,379
Patentdatum: 26. Februar 1991
Erfinder: Joan Brooks, New Orleans, LA

Die Erfindung ermöglicht dem Benutzer ein Gesichtslifting ohne operativen Eingriff. Ein leichtes Maschenband (A) wird an der Kopfhaut mit einem Klebstoff befestigt. Kleine Halterungen (3) werden an der Gesichtshaut befestigt. Um die Vorrichtung so unauffällig wie möglich zu machen, kann das Band die Haarfarbe des Benutzers haben. Die Halterungen können fleischfarben sein. Riemen, die das Maschenband und die Halterungen verbinden (B1, B2), werden angezogen, bis der gewünschte Effekt erreicht ist.

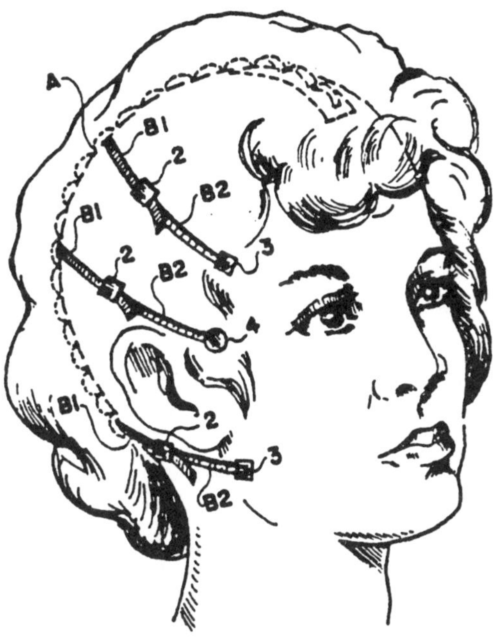

Hydraulische Brust-Vergrößerung

Patentnummer: 5,099,830
Patentdatum: 31. März 1992
Erfinder: Shunichi Kishimoto, Suita, Japan

Bei dieser Brust-Verschönerung wird mit Wasserdruck die weibliche Brust formvollendet vergrößert. Die Therapie beruht auf dem Prinzip, daß die Sekretion von Hormonen, die für Entwicklung und Wachstum der Brust verantwortlich sind, bis zu einem gewissen Grade durch eine aktive Stimulation der Brust beeinflußt werden kann. Die Vorrichtung wird an einen Wasserhahn (26) angeschlossen, der einen negativen Druck sowohl im Zufluß-Geschwindigkeits-Regler (14) als auch in der Absaug-Kammer (15) mittels des bekannten Bernoulli Effekts erzeugt. Der negative Druck wird von der Benutzerin als ein Saugen im Brustkörbchen (3) empfunden. Wenn der Hebel (22a) gedrückt ist, wird der Wasserfluß auf die Brust zugeleitet und es entsteht ein Druckgefühl. Durch Alternieren von Saugen und Pressen läßt sich die gewünschte Stimulation herbeiführen.

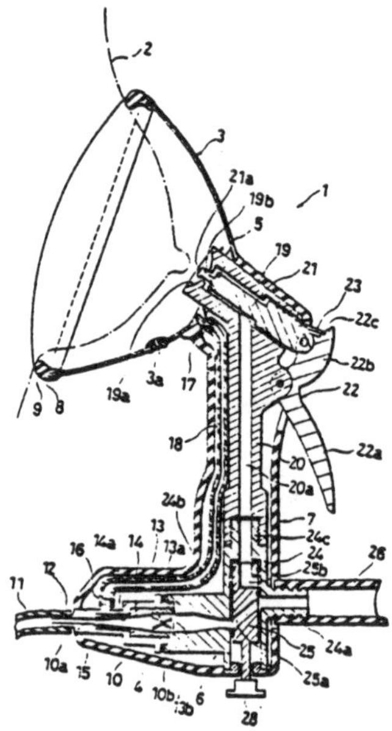

Apparatur zur Reduktion von Brustfalten

Patentnummer: 5,083,555
Patentdatum: 28. Januar 1992
Erfinder: Ernestine Lewis, Livermore, CA

Dieses zylindrische Polsterkissen dient dazu, Falten auf der oberen und inneren Brustseite bei Frauen, die auf der Seite schlafen, zu reduzieren oder zu verhindern. Das Kissen besteht aus elastischem Schaumstoff und kann in einen auswechselbaren Kissenbezug gesteckt werden. Es verrutscht während des Schlafens nicht und verhindert dadurch das Zusammenziehen und das Dehnen der oberen Hautpartien der Brust.

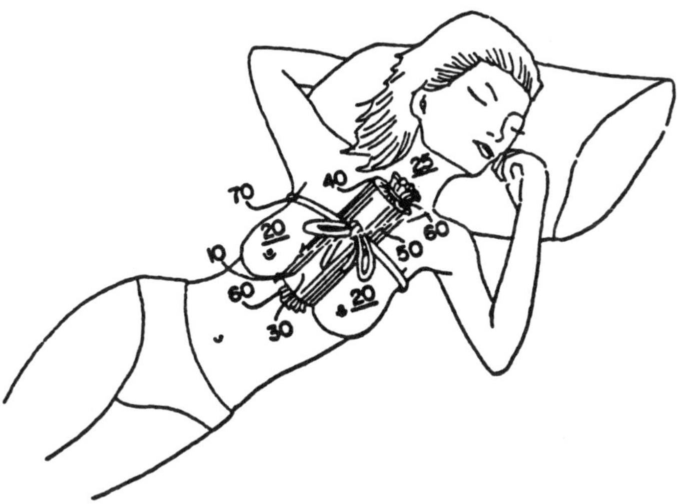

Dekorativer Brustwarzenring

Patentnummer: 5,125,244
Patentdatum: 30. Juni 1992
Erfinder: Hans Zwart, Dayton, OH

Dem Erfinder zufolge haben die Menschen seit jeher ihre Brustwarzen durch Schmuck, Juwelen oder andere Verzierungen dekoriert. Normalerweise wurde die Brustwarze durchstochen und ein Faden hindurchgefädelt. Heutzutage sind nur wenige Frauen gewillt, sich einer solchen Behandlung allein der Schönheit wegen zu unterziehen. Dieser leicht zu handhabende Kompressionring (10) kann durch Drücken der Verschlußteile (13, 15) gelockert werden. Durch eine kleine Feder hält er von selbst an der Brustwarze. Er wird in verschiedenen Größen hergestellt (mit einem Durchmesser von 5 bis 13 Millimetern). An den Ring kann man Schmuckstücke hängen oder aber man kann ihn selbst als ein Dekorationsstück benutzen, das die Brustwarze vollständig bedeckt. Letzteres werden vor allem Trägerinnen in Ländern nutzen, in denen die vollständige Entblößung der Brust verboten ist.

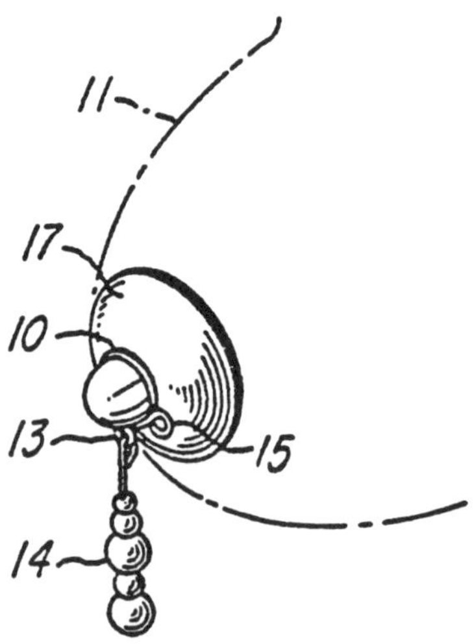

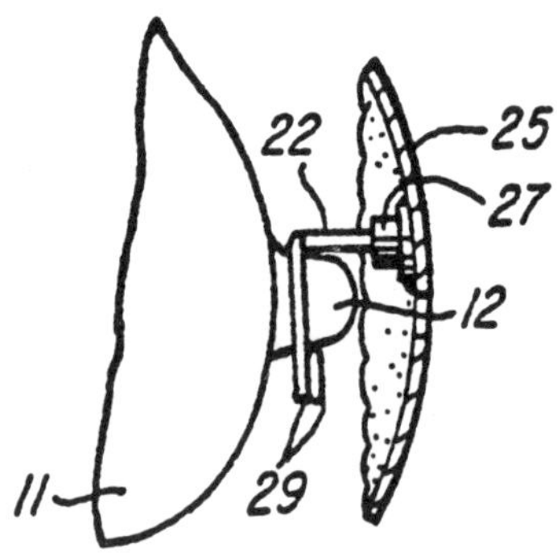

Ohr-Anlege-Vorrichtung

Patentnummer: 5,076,262
Patentdatum: 31. Dezember 1991
Erfinder: Brian M. Coffey, Portland, OR

Die Ohr-Anlege-Vorrichtung besteht aus einem Paar beweglicher Hafter, die durch ein kleines Zwischenstück verbunden sind. Die Außenseite der Hafter ist jeweils mit einem druckempfindlichen Kleber versehen. Nach Entfernen des Haftstreifens werden die beiden Hafter mit dem Zwischenstück hinter dem Ohr angebracht. Das Ohr wird zum Kopf gepreßt und bleibt in einer attraktiv angelegten Position. Durch diese Ohr-Anlege-Vorrichtung wird ein kosmetischer Eingriff überflüssig. Ebenso kann man sich das Anbringen von übereinander geschichteten Klebestreifen ersparen, die nicht von dauerhaftem Halt sind.

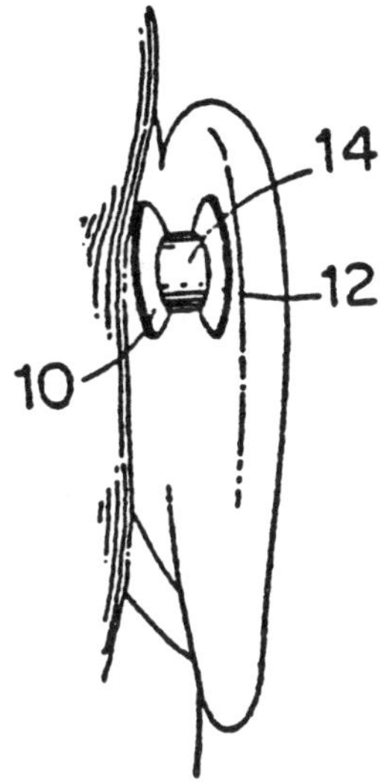

Mützenschirm mit passendem Haarteil

Patentnummer: D.302,282 (Design Patent)
Patentdatum: 1. August 1989
Erfinderin: Dorothy U. Egan, Metairie, LA

Übliche Schirmmützen bieten lediglich einen Sonnenschutz. Mit dieser Kombination aus Mützenschirm und Haarteil trägt der Benutzer gleichzeitig eine modische Frisur.

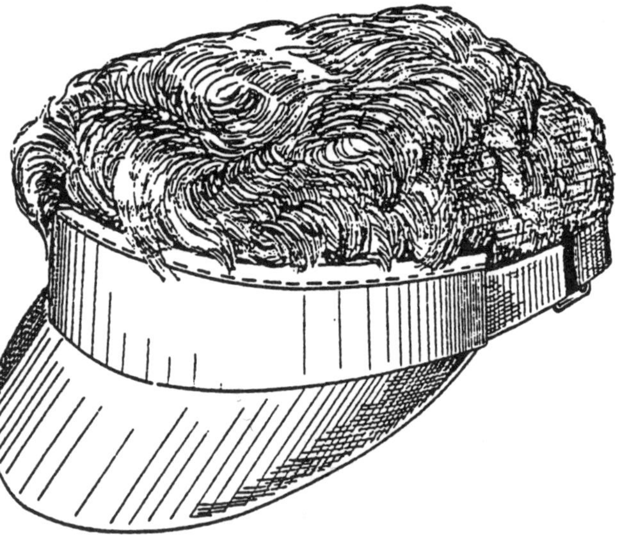

Sprenkel-System zur Optimierung der Sonnenbräune

Patentnummer: 4,846,525
Patentdatum: 11. Juli 1989
Erfinder: Ted A. Mamming, Palm Springs, CA

Dieses im Liegestuhl eingebaute Sprenkel-System gibt in periodischen Abständen eine sonnenbräunende Lösung ab und sorgt dabei gleichzeitig für Abkühlung. Ein beweglicher Wasserschlauch (20), der eine leicht dickflüssige, sonnenbräunende Lösung enthält, wird auf oder unter den Liegestuhl montiert. Verschiedene Sprenkeldüsen können mit Haftstreifen an beliebigen Stellen auf den Liegestuhl-Latten angebracht werden. Wenn der Benutzer eine kleine, kugelige Gummi-Pumpe (30) drückt, wird über die Düsen eine Mischung aus Wasser und bräunender Substanz abgegeben, die zugleich kühlend wirkt. Die Düsen sollten vorzugsweise nach oben und nach innen gerichtet sein, so daß die Lösung leicht von oben herab auf die vom Benutzer belegte Fläche herabsprenkeln kann.

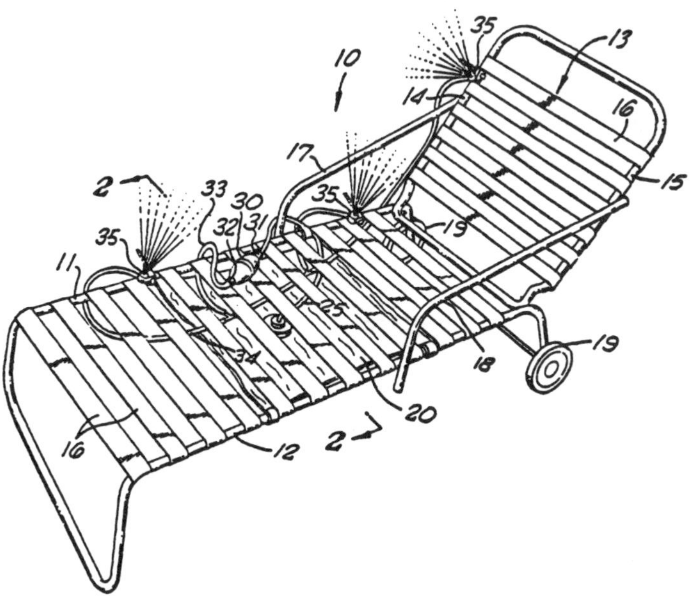

CLEVERE ERFINDUNGEN

In diesem Kapitel führen wir einzigartige Erfindungen vor, die einige alltägliche Probleme der modernen Welt lösen. Keine Facette des täglichen Lebens ist so trivial, als daß sie von Erfindern, die uns durch den Tag helfen wollen, unbeachtet bleiben würde.

Anti-Bauchlagenkissen

Patentnummer: 5,199,124
Patentdatum: 6. April 1993
Erfinder: Daniel E. Klemis, Beverly, MA

Diese Erfindung soll den Benutzer daran hindern, auf dem Bauch zu schlafen oder während des Schlafes auf den Bauch zu rollen. Ein keilförmiges elastisches Schaumstoffkissen wird dem Benutzer mit einem Gürtel auf den Bauch geschnallt. Das Kissen verhindert Nacken- und Rückenverspannungen, die mit dem Schlafen in Bauchlage zusammenhängen. Diese Kissenvorrichtung ist früheren Vorkehrungen vorzuziehen, die dem Schlaf eher unzuträglich waren (wie z. B. das Anbringen eines Tennisballs auf der Brust des Schlafenden).

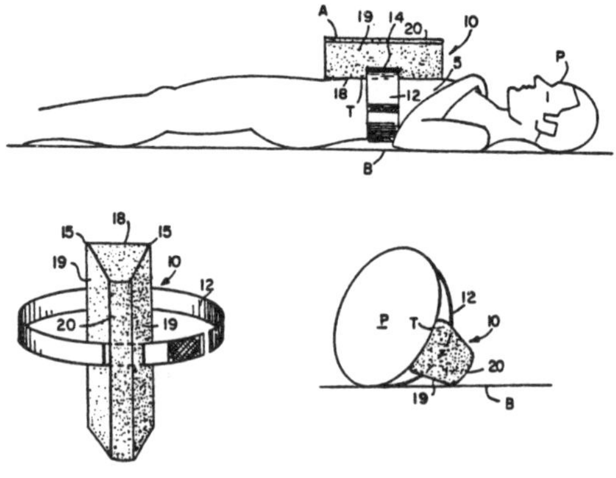

Bestrafungsrad

Patentnummer: 4,834,657
Patentdatum: 30. Mai 1989
Erfinder: José R. Gonzalez, Olympia, WA
Connie J. Vaughan, Satsop, WA
Mary Jo R. Gonzalez, Olympia, WA

Dieser Apparat ermöglicht es Eltern, ihren Kindern faire und objektiv gerechtfertigte Strafen zu erteilen. Es stehen eine Anzahl kleiner, auf der Rückseite haftender Schildchen zur Auswahl, auf denen unterschiedliche Strafen angegeben sind. Von den zur Verfügung stehenden Schildchen werden einige an das Rad geheftet. Das Kind nimmt an der Wahl der Bestrafung teil, indem es einen Knopf in der Mitte des Rades drückt und damit einen Zeiger in Bewegung setzt. Wenn der Zeiger stehenbleibt, weist er auf eine Strafe, die daraufhin verhängt wird. Aus der Sicht des Kindes wählt und erteilt anstelle der Eltern ein unbelebtes Objekt die Strafe. Ein unmittelbarer Eltern-Kind-Konflikt wird dadurch vermieden.

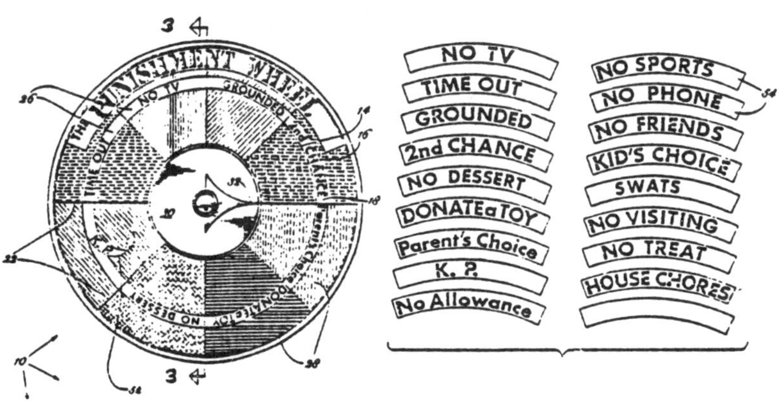

Einweg-Schirm

Patentnummer: 4,819,679
Patentdatum: 11. April 1989
Erfinder: James R. Rex, Pacific Palisades, CA

Dieser Schirm ist einfach zu bedienen und schützt kostengünstig sowohl vor sonnigem als auch vor unfreundlich regenerischem Wetter. Er besteht aus festem Material (z. B. Wellpappe), ist aus einem Stück und mit wasserabweisender Polymerisat-Stärke impregniert. Zusammengefaltet läßt er sich als viereckige flache Platte leicht transportieren. Durch das Ziehen einer zwischen Griffen angebrachten Lasche läßt er sich aufspannen: Der nun spitzdachförmige Schirm bietet einen einmaligen Schutz.

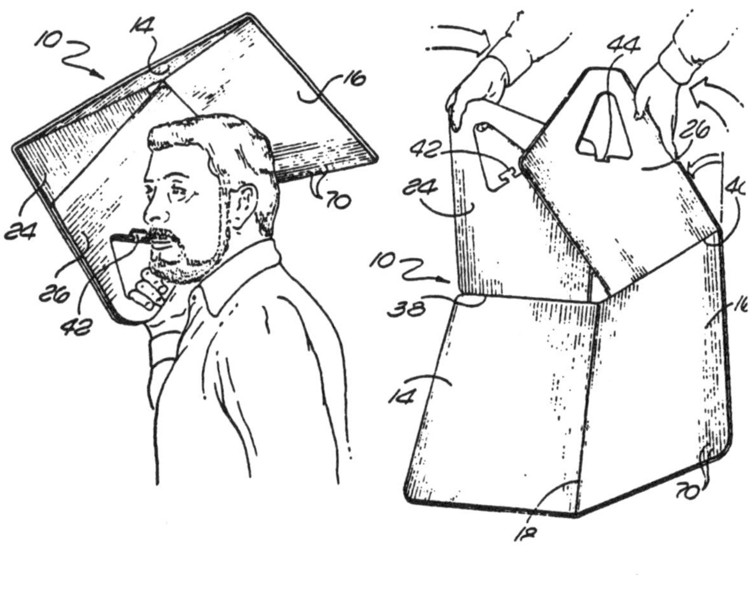

Mützenförmiger Kopfschirm

Patentnummer: 5,201,332
Patentdatum: 13. April 1993
Erfinder: Tze-Bing Wu, Taichung City, Taiwan

Dieser mützenförmige Schirm bietet Schutz vor Sonne oder Regen, ohne daß der Benutzer die Hände gebrauchen muß. Dieser Schirm soll die Mängel früherer Kopf-Schirmarten beseitigen: Einstige Schirme dieser Art rutschten leicht vom Kopf, behinderten die Sicht oder verursachten dem Benutzer Kopfschmerzen. Die Halterungsbänder sollen bei starkem Wind am Kopf des Benutzers straff befestigt werden können, ohne zu stören.

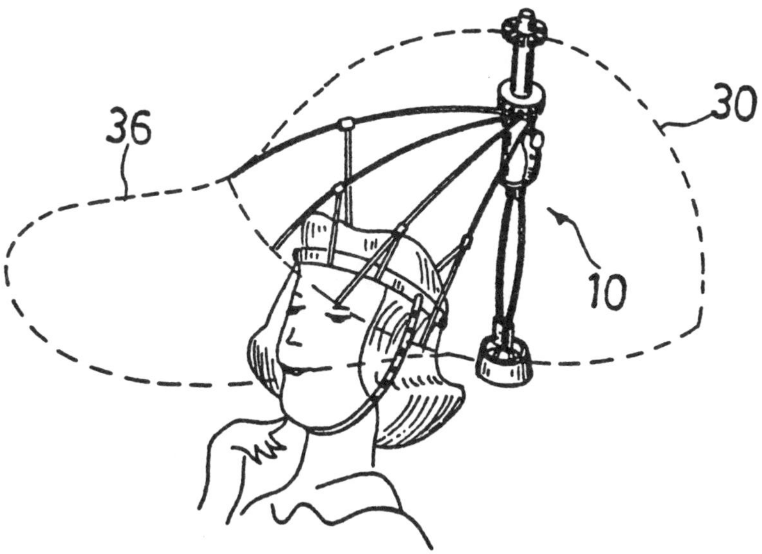

Tragbare Vorrichtung für das Rauchen in öffentlichen Einrichtungen

Patentnummer: 4,807,646
Patentdatum: 28 Februar 1989
Erfinder: Raphael Sahar, Tiberias, Israel

Bei dieser Vorrichtung steckt die Zigarette (C) in einem kleinen Verbindungsstück (8), das als Zigarettenhalter dient. Ein Feuerzeug (16), das Gas aus einem kleinen Behälter (17) bezieht, entzündet die Zigarette. Beim Gebrauch zieht der Raucher am Ende des Röhren-Systems an einem Mundstück (4). Der Rauch wird durch ein Ventil (15) und einen Filter (21) eingesogen und gelangt so durch eine Öffnung (6) in den Mund. Zur gleichen Zeit fließt frische Luft durch eine lange, serpentinenförmige Röhre (18) in die Gesamtvorrichtung, um das Brennen der Zigarette aufrechtzuerhalten. Wenn der Raucher ausatmet, entweicht der Rauch durch eine andere Öffnung (5), wird durch ein anderes Ventil (14) befördert und verläßt das Röhrensystem (10). Er bleibt in einer dehnbaren Gummi-Blase, bis diese außerhalb der öffentlichen Räumlichkeiten geleert werden kann.

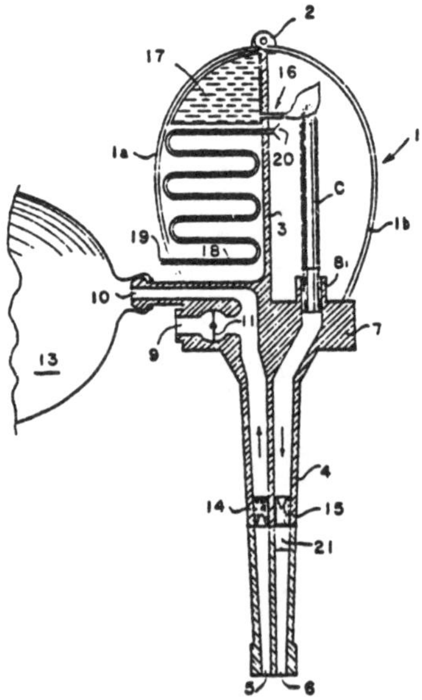

Fliegenklatsche

Patentnummer: 4,787,171
Patentdatum: 29. November 1988
Erfinder: Pierre Dagenais, Montreal, Kanada

Diese Fliegenklatsche verhindert Flecken auf Wänden und anderen glatten Oberflächen, da sich mit ihrer Hilfe ein Insekt fangen läßt, ohne es zu zerquetschen. Die Fliegenklatsche besteht aus einem semiflexiblen tassenförmigen Hauptteil. An der Innenfläche haftet eine klebrige Papierschicht, mit der die Insekten gefangen werden. Dieses klebrige Blatt kann nach Gebrauch leicht entfernt und durch ein neues ersetzt werden. In dem Moment, in dem der Benutzer auf das Insekt schlägt wölbt sich die semiflexible Tasse von einer konvexen in eine konkave Form. Dabei wird das Insekt von der inneren Klebeschicht nur sanft berührt und bleibt haften, ohne zerquetscht zu werden. Der Erfinder sagt ein deutliches Ansteigen erfolgreich gefangener Insekten voraus. Es kann zusätzlich eine Schnapphülle geliefert werden, die das Summen gerade gefangener Insekten dämpft.

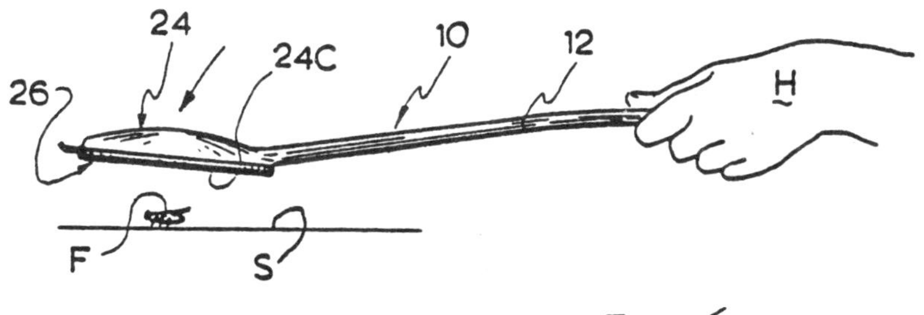

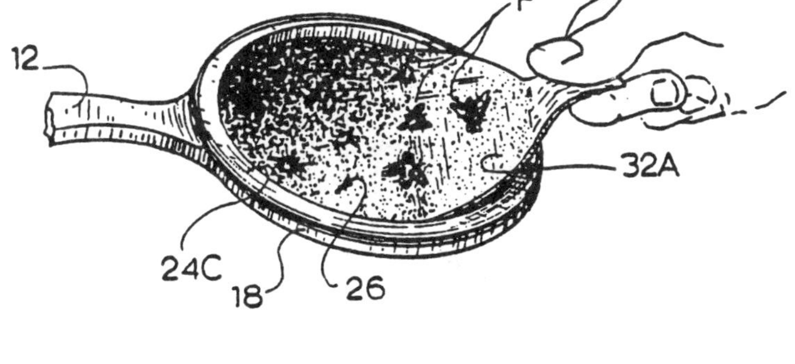

Ferngesteuerte Kontrolle der Auspuffemissionen Abgasanalyse für Kraftfahrzeuge

Patentnummer: 4,924,095
Patentdatum: 8. Mai 1990
Erfinder: Caleb V. Swanson, Jr., Orange, CA

Mit diesem Apparat zur Analyse von Abgasen können schnell und effizient die Schadstoffe ermittelt werden, die ein Fahrzeug unter normalen Bedingungen während der Fahrt abgibt. Eine Anordnung von Geräten (22), die die Benzinabsorption analysieren, wird am Straßenrand aufgestellt. Jeder Analysator gibt einen Lichtstrahl ab, der auf der anderen Straßenseite auf einen Retro-Reflektor (28) trifft und dadurch zu dem Gerät, von dem er ausgesendet wurde, zurückgeschickt wird. Die Benzin-Absorptions-Analysatoren basieren auf dem Prinzip, daß jeder Schadstoff eine ganz bestimmte Anzahl von Licht-Wellenlängen absorbiert. Indem die Wellenlängen eines zurückkehrenden Lichtstrahls analysiert werden, können Typ und Menge der Schadstoffe im Auspuff bestimmt werden. Die Anordnung emöglicht eine vollständige Probenahme der Auspuffabgase, so daß sämtliche Emissionen des Fahrzeuges berechnet werden können. Zu der Vorrichtung gehört auch eine Kamera (50), die das Nummernschild des Fahrzeugs registriert. Durch die Inbetriebnahme dieses Test-Systems auf öffentlichen Straßen können Motorfahrzeuge kontinuierlich auf ihre Abgas-Verträglichkeit hin getestet werden.

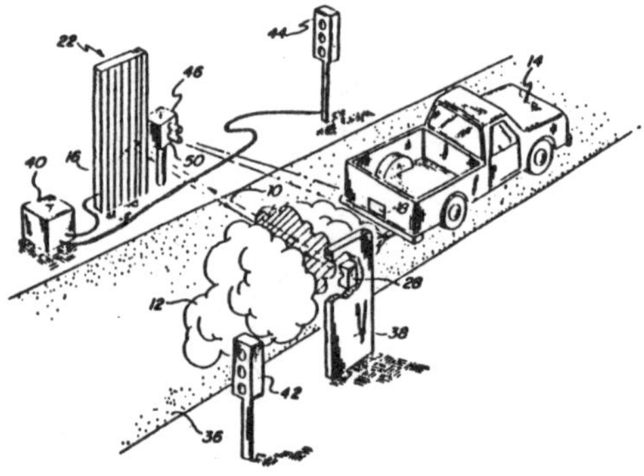

Rauch-Schutz-Kappe

Patentnummer: 5,214,803
Patentdatum: 1. Juni 1993
Erfinder: David Shichman, Great Neck, NY

Diese Kappe aus nicht entflammbarem, transparentem Plastik schützt Augen und Kopf vor Rauch oder Gas, ohne die Sicht oder Bewegung des Benutzers einzuschränken. Sie ist auf allen Seiten hermetisch abgschlossen bis auf eine Öffnung für den Kopf, die luftdicht verschlossen werden kann. Die Luftmenge in der Kappe soll für einen normal atmenden Erwachsenen fünf bis sieben Minuten ausreichen, eine Zeitspanne, die – z. B. bei der Flucht aus einem brennenden Gebäude – lebensrettend sein kann. Wenn man die Kappe abzieht, füllt sie sich schnell mit Frischluft.

Fötus-Radiogerät inklusive Stützgurt für die Schwangerschaft

Patentnummer: 5,109,421
Patentdatum: 28. April 1992
Erfinder: Douglas C. Fox, Van Nuys, CA

Bei diesem System wird ein Radio oder ein anderes Geräusche übertragendes System an einen breiten gepolsterten Gürtel montiert, den die Betroffene um den Bauch trägt. In den Gürtel sind zwei kleine Lautsprecher eingearbeitet (von 6 cm Größe) (18a, 18b); diese senden bei geringer Lautstärke Töne an den wachsenden Fötus. Aufgrund der Tatsache, daß so gut wie keine Geräusche durch den Gürtel nach außen dringen, kann die werdende Mutter den Gürtel tragen, ohne die Mitmenschen oder sich selbst bei der Arbeit zu stören. Laut Erfinder ist das Ziel des Patentes, den Fötus zu erziehen und zu unterhalten, und gleichzeitig eine Extrastütze für den Bauch der werdenden Mutter bereitzustellen. Voraussichtlich werden auf diese Weise glücklichere, intelligentere und wachere Kinder geboren; außerdem verfügt die werdende Mutter über eine Vorrichtung, die ihr Baby beruhigt.

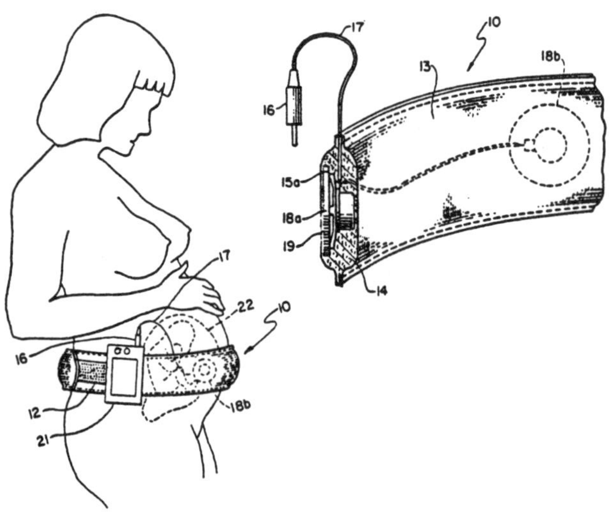

Notausgang für kleine Tiere und Insekten im Swimmingpool

Patentnummer: 4,972,540
Patentdatum: 27. November 1990
Erfinder: James L. Phelps, Ellicott City, MD

Dieses System eines Notausgangs verhindert ein versehentliches Ertrinken von kleinen Tieren und Insekten im Swimmingpool. Darüber hinaus ist der Pool-Eigentümer der unangenehmen Aufgabe enthoben, die toten Tierkörper aus dem Wasser zu entfernen und zu entsorgen. Ein schwerer Sockel (20) wird dicht am Rand des Pools aufgestellt. Daran wird mit einem Drehbolzen eine schwimmende Rampe befestigt, so daß sie sich dem Wasserstand anpaßt. Eine Reihe von Löchern und Schlitzen (40, 50) dämpft den Wellengang, der durch Wind oder Schwimmbewegungen des fliehenden Tieres verursacht wird. Dadurch hat das Insekt die Möglichkeit, leicht auf das teilweise unter Wasser stehende Ende der Rampe zu klettern und von dort seine Flucht aus dem Wasser anzutreten.

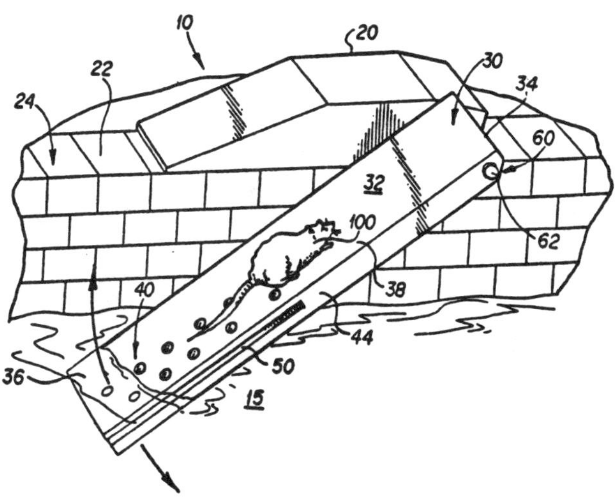

Zahn-Taschenlampe ohne Gebrauch der Hände

Patentnummer: 5,226,712
Patentdatum: 13. Juli 1993
Erfinder: Richard G. Lucas, Hollywood, FL

Viele Menschen, die in schwach beleuchteten Räumlichkeiten ihre Hände zur Arbeit brauchen (z. B. Schlosser, Klempner, Fischer usw.) halten gewöhnlich eine konventionelle Taschenlampe im Mund, um das Licht auf die gewünschte Stelle zu richten. Es ist jedoch schwierig auf diese Weise den Lichtstrahl exakt auszurichten oder mit Mitarbeitern zu sprechen. Außerdem ist durch das Halten einer Taschenlampe im Mund meist der normale Schluckvorgang beeinträchtigt und es kann in manchen Fällen zu extremem Sabbern führen – eine ablenkende und unsaubere Angelegenheit. Diese verbesserte Taschenlampen-Vorrichtung überwindet diese Probleme mit einem innovativen Design, das aus einer gummierten Zahngreif-Oberfläche (60) und einem durch Zubeißen des Benutzers operierenden Schalter besteht. Die Vorrichtung ist so geformt, daß ein versehentlich gewaltsames Vorstoßen in die Kehle des Benutzers ausgeschlossen wird. Der Benutzer kann normal sprechen und schlucken und gleichzeitig das Licht exakt auf die Arbeitsfläche lenken. Wenn die Lampe nicht gebraucht wird, kann man sie an einem Riemen um den Hals hängen.

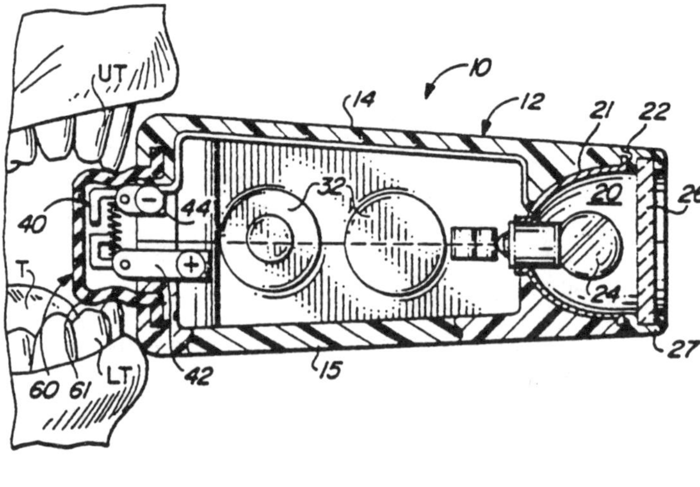

Praktische Methode für Kinder zur richtigen Plazierung des Schuhs an den richtigen Fuß

Patentnummer: 5,244,233
Patentdatum: 14. September 1993
Erfinderin: Mary M. McCraney, Huntington Beach, CA

Kleine Kinder haben oft noch Schwierigkeiten, Schuh und Fuß korrekt zu kombinieren. Dieses farbkodierte System hilft den Kindern, eine potentiell frustrierende und unbequeme Situation zu überwinden. In beiden Schuhen werden Aufkleber in jeweils verschiedenen Farben angebracht. Einer oder mehrere Zehennägel des rechten Fußes werden mit der gleichen Farbe wie der *R*-Aufkleber im rechten Schuh bemalt. Auch die Zehennägel des linken Fußes werden in der gleichen Farbe bemalt wie der *L*-Aufkleber im linken Schuh. Es ist nun für das Kind eine relativ einfache Aufgabe, die Farbe eines Aufklebers im Schuh mit der passenden Farbe seiner Zehennägel zu kombinieren. Ebenso können als zusätzliche Hilfe die Fingernägel lackiert oder die Schnürsenkel und Socken eingefärbt werden.

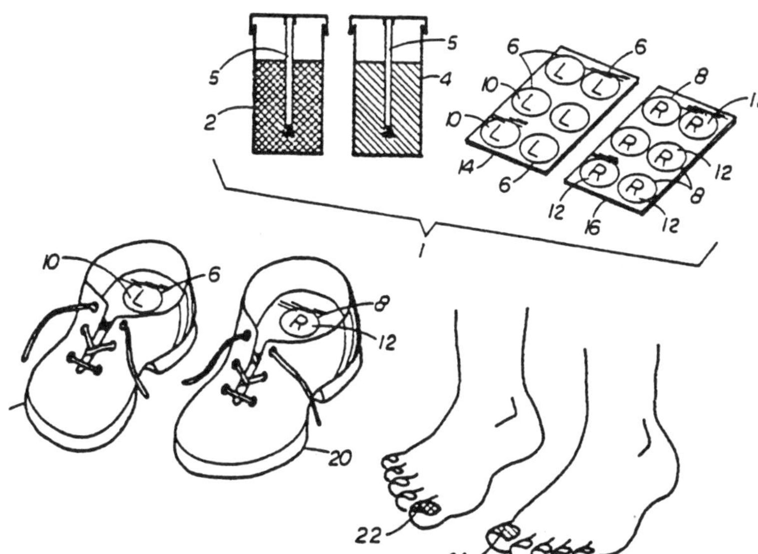

GUTES ESSEN

Für Erfinder ist Essen eine ernsthafte Angelegenheit. Wo sonst als in der Patentliteratur würde von einer Erdnußbutter, bei der sich keine Flüssigkeit absetzt, unter dem Begriff »Gravitations-Stabilisierte-Erdnuß-Komposition« die Rede sein? Normalerweise werden regelmäßig Patente für neue Fast-Food-Produkte und Eßwerkzeuge veröffentlicht. Sie beziehen sich auf den Bereich der Nahrungszubereitung und zielen gewöhnlich darauf ab, Fließband-Operationen zu beschleunigen. Ein kürzlich herausgegebenes Patent allerdings entwirft eine neuartige Methode beim Tranchieren eines Truthahns! In diesem Kapitel stellen wir Erfindungen vor, die das Essen leichter, gesünder und erfreulicher machen. Einige Erfindungen widmen sich auch dem Problem des Essens unterwegs.

Konfekt im Doppel-Pack

Patentnummer: D.301,835 (Design Patent)
Patentdatum: 27. Juni 1989
Erfinder: Jeffrey B. Gorman
Mariliyn Katz
beide aus Los Angeles, CA

Dieses Konfekt im Doppel-Pack ermöglicht dem Benutzer, eine Süßigkeit zu verzehren und gleichzeitig eine frühkindliche Lust zu befriedigen: das Lutschen am Daumen.

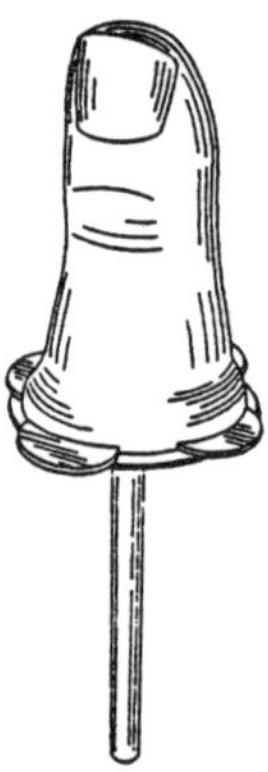

Selbstkühlendes Behältnis für Getränke

Patentnummer: 4,669,273
Patentdatum: 2. Juni 1987
Erfinder: Victor H. Fischer, Las Vegas, NV
Dennis A. Thomas, Woodland Hills, CA

Mit Hilfe eines Röhreneinbaus wird ein Getränk innerhalb eines Behälters gekühlt. Beim Öffnen des Behälters entweicht eine unter Druck gesetzte Kühlflüssigkeit in einen Verdunster. Im Verdunster geht die Hitze von dem Getränk in die Kühlflüssigkeit über, die sich dabei in Gas verwandelt und ausbreitet. Durch das Abziehen der Hitze wird das Getränk augenblicklich eisgekühlt.

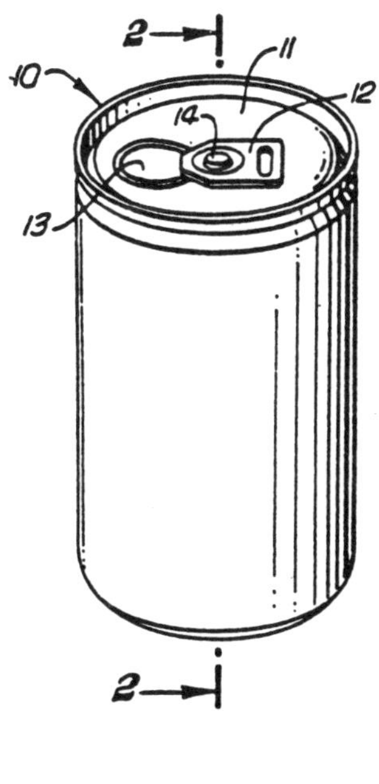

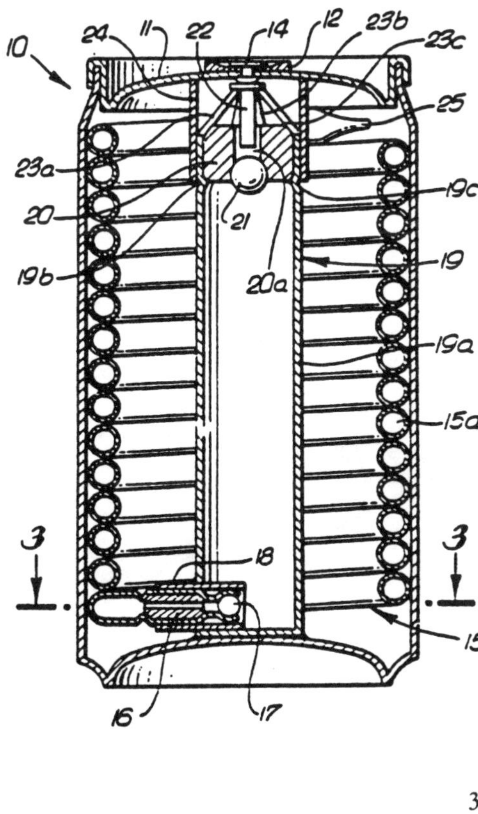

Elektrisch geladenes Tischtuch

Patentnummer: 5,107,620
Patentdatum: 28. April 1992
Erfinder: Richard E. Mahan, Houston, TX

Dieses elektrisch geladene Tischtuch soll krabbelnde Insekten davon abhalten, Zugang zu Speisen und Getränken des Benutzers zu erhalten. Ein Paar elektrisch leitfähiger Streifen (18, 19), die mit einem Spezialkleber auf dem Tischtuch haften, schließt die Fläche, auf der Speisen und Getränke stehen, ein. Die Streifen werden über eine 9 Volt Batterie (20), die in einer speziellen Halterung (25) montiert ist, mit Elektrizität versorgt. Ein Insekt, das die Streifen überqueren will, erleidet einen elektrischen Schlag, der stark genug ist, es von weiteren Wanderungen über das Tischtuch abzuhalten. Ein Mensch, der versehentlich in Kontakt mit den elektrischen Streifen gerät, wird den elektrischen Strom gewöhnlich gar nicht bemerken. Höchstens bei Nässe wird man ein leichtes Prickeln spüren. Der elektrische Apparat kann auch in einem Kasten geliefert werden, so daß ihn der Benutzer auf seinem eigenen Tischtuch installieren lassen kann.

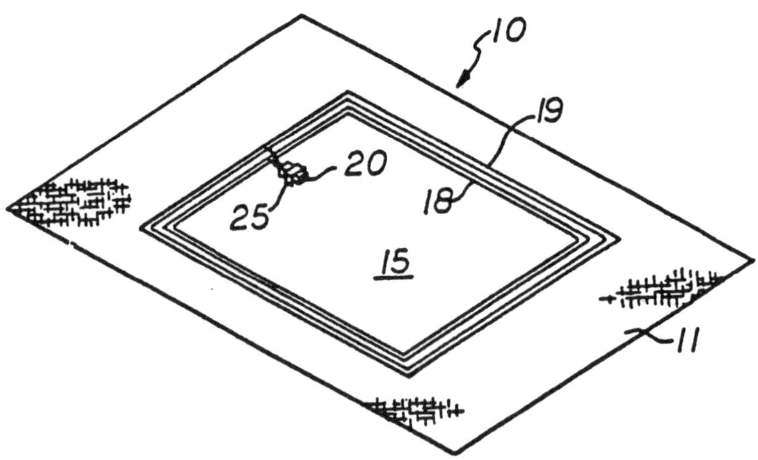

Fliegen-Abwehr-Apparat

Patentnummer: 5,003,721
Patentdatum: 2. April 1991
Erfinder: James T. Underwood, San Diego, CA

Bisher erzeugte man durch extrem hohe Geschwindigkeiten Luftbarrieren oder man versuchte die Fliegen zu einem sich rasch drehenden Vernichtungspropeller zu locken. Das Problem, Fliegen daran zu hindern, sich auf dem Essen niederzulassen wird nun anders und erfolgreicher gelöst: Bei der hier angebotenen Vorrichtung rotiert ein verlängerter flexibler Stab bei geringer Geschwindigkeit über den Speisen. Damit soll für die Fliegen eine ausreichende Ablenkung geschaffen sein, die sie dazu bewegt, die Fläche zu meiden, die der rotierende Stab abdeckt. Der Stab wird durch einen batteriebetriebenen motorisierten Fuß in Bewegung gehalten und stellt für einen Menschen, der versehentlich davon getroffen wird, keine Gefahr dar.

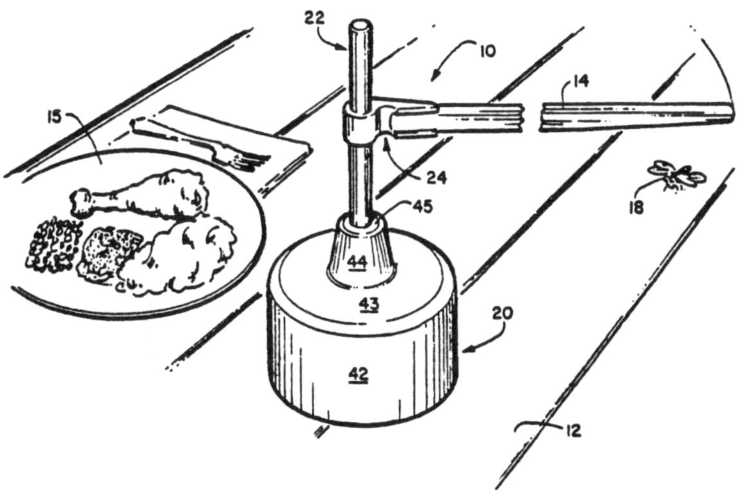

Apparat zur Anbringung von Werbung auf Eiern

Patentnummer: 4,843,958
Patentdatum: 4. Juli 1989
Erfinder: Isaac Egosi, Phenix City, AL

Mit dieser Erfindung wird ein völlig neues Konzept für die Werbebranche vorgeschlagen: das Anbringen kommerzieller Werbesprüche auf Eierschalen. Da viele Menschen täglich ein oder mehrere Eier verzehren, würden auf Eier gedruckte Werbung eine breite Öffentlichkeit erreichen. Die Werbung kann farblich und künstlerisch attraktiv gestaltet werden. Es können auf die einzelnen Eier im gleichen Karton verschiedene Werbesprüche gedruckt werden. Dazu muß das Ei auf einem Halterungssystem befestigt und in Bewegung gesetzt werden; dabei läßt sich die Werbung mit einem Tintenstrahldruck-Gerät (56 b) präzise auf eine Stelle drucken. Der jeweilige Slogan läßt sich so anbringen, daß der Kunde nicht umhin kann, ihn wahrzunehmen.

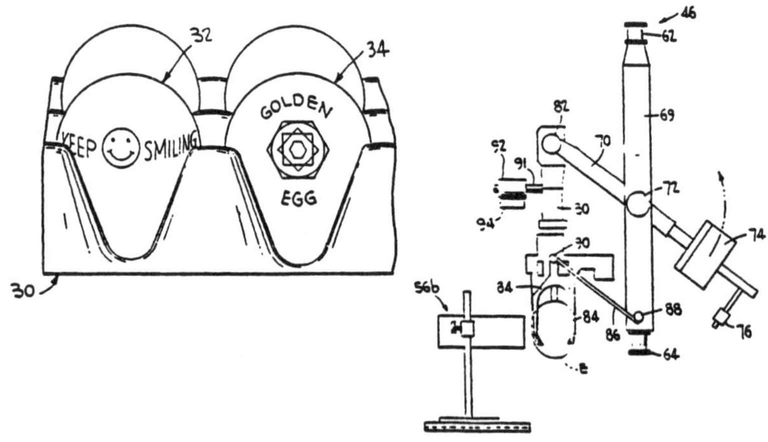

Vorrichtung zum Servieren von Müsli, Cornflakes und Haferflocken

Patentnummer: 4.986,433
Patentdatum: 22. Januar 1991
Erfinder: Alton A. Davis, Dunwoody, GA

Diese speziell entwickelte Müsli-Schalen-Vorrichtung läßt Müsli, Cornflakes und Haferflocken nicht mehr in der Milch pampig werden: Das knusprige Müsli wird in kleinen Portionen über eine Rinne von der oberen Schale in die mit Milch gefüllte untere Schale befördert. Auf diese Weise kann jede Portion in Ruhe verzehrt werden bevor sie pampig wird. Die Vorrichtung ermöglicht ein gemütliches Frühstück, ohne daß die Knusprigkeit der Müsli-Mahlzeit beeinträchtigt wird. Sie bietet sich gerade auch für die ungesüßten Sorten von Müsli und Cornflakes an, deren Knusprigkeit nicht durch eine auf Zucker basierende Schicht erhalten wird.

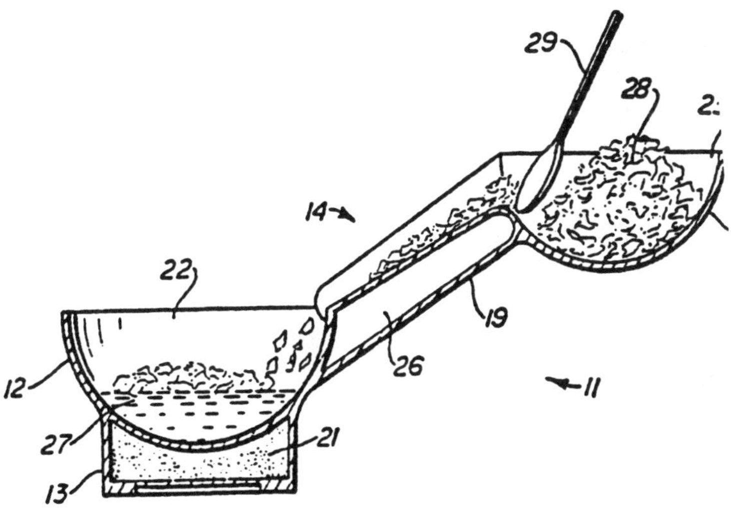

Aromatisierter Brillenbügel-Überzug

Patentnummer: 5,202,707
Patentdatum: 13. April 1993
Erfinder: Adam S. Halbridge, Houston, TX

Viele Brillenträger nehmen ihre Brille häufig ab und kauen oder lutschen an den Bügeln. Diese Tätigkeit verursacht unschöne kleine Kerben und Zahnmarkierungen auf dem Rahmen und hinterläßt keinen sonderlich guten Geschmack im Mund. Der Erfinder glaubt, Brillenträger, die auf den Brillenbügeln herumkauen, werden es begrüßen, wenn die Bügel mit einem angenehmen Geschmack versehen sind. Dieser Bügelüberzug besteht aus einem röhrenförmigen, nicht-toxischen Kunststoff, wie z. B. PVC, Polyethylen, Teflon oder Gummi, der zuvor mit einem bestimmten Geschmack imprägniert wurde. Kinder werden einen fruchtigen oder süßen, Erwachsene hingegen eher einen würzigen Geschmack bevorzugen, wie z. B. Zimt oder der Jalapenwurzel. Jeder solchermaßen aromatisierte Überzug (30) paßt genau über das Ende eines Brillenbügels (32) und schützt diesen vor Bißschäden. Als Alternative kann der Überzug auch aus einem eßbaren Material hergestellt werden (wie z. B. Lakritze oder Toffee), das sich dann beim Kauen oder Lutschen auflöst.

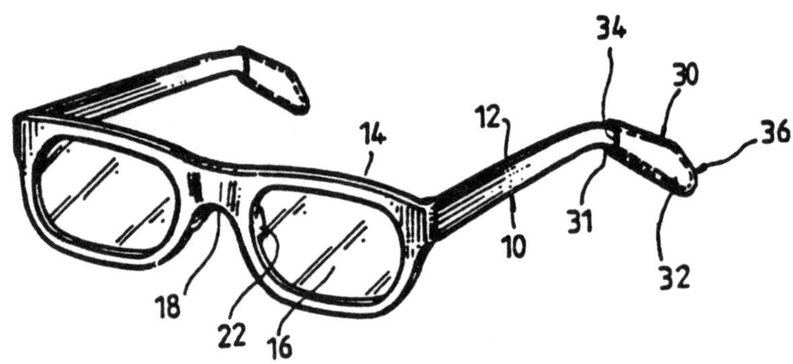

Tropffreier Eistütenhalter

Patentnummer: 5,224,646
Patentdatum: 6. Juli 1993
Erfinder: Anthony J. Biancosino, Princeton, NJ

Dieser Eistütenhalter löst das Problem ewig verschmierter Kleider oder Hände beim Essen von Eiscreme. Die Eiscreme oder das Halbgefrorene wird in eine Halterung gegeben, die selbst im oberen Teil eines Behälters eingehängt ist. Die Halterung kann so konstruiert sein, daß sie entweder eine einzelne Eiskugel oder aber auch eine ganze Eistüte aufnimmt. Die Eiscreme, die noch vor dem Verzehr schmilzt, tropft durch eine Reihe von Löchern hinab in ein Auffangbecken auf dem Boden des Behälters. Wenn der Hauptteil der Eiscreme verzehrt ist, kippt der Benutzer den Behälter und trinkt die angesammelte Flüssigkeit durch eine kleine Öffnung. Die mit dem Verzehr einer Eiscremetüte gewöhnlich verbundene Verschmutzung wird auf diese Weise vermieden. Darüber hinaus ist ein völlig hygienischer Verzehr gewährleistet, da der Konsument die Nahrung nicht mit den Händen berührt.

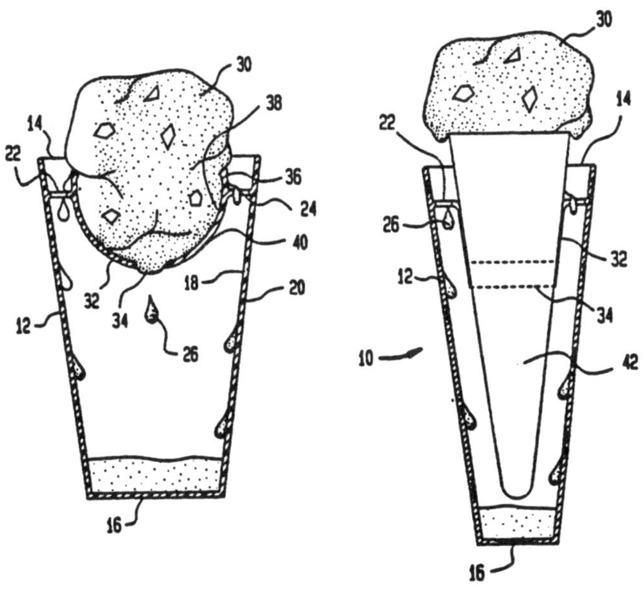

Muhender Kaffesahne-Gießer

Patentnummer: 5,213,234
Patentdatum: 25 Mai 1993
Erfinder: Ioannis Stefanopoulos, Arlington, VA

Aus allen zur Zeit erhältlichen Sahnegießern fließt die Sahne oder Milch ohne jeden Sound-Effekt. Dieser Porzellan-, Keramik- oder Plastikgießer gibt in dem Moment, in dem die Sahne oder Milch herausfließt, ein realistisches »Muh« von sich. Wenn sich der Krug neigt, setzt ein durch Gewicht aktivierter Schalter eine elektronische Vorrichtung in Gang, durch die der Ton erzeugt wird. Der Sound-Generator (3) befindet sich im Hintern der Kuh.

SPIELZEUG UND UNTERHALTUNG

Man kann eine Gesellschaft daran messen, wie sie ihre Freizeit verbringt. Normalerweise erwarten wir von unseren Spielen und Spielsachen, daß sie einen Bildungs- und Erziehungseffekt haben, spannend sind oder einfach Spaß machen. Es sind Brettspiele erfunden worden, die uns über alles vom Ackerbau bis zum Überqueren der Straße spielerisch belehren. Die Spielregeln: Bücher über Bücher. – In diesem Kapitel stellen wir noch einige neuartige Formen des Zeitvertreibs vor.

Vergnügen mit der Toilettenschüssel

Patentnummer: 4,773,863
Patentdatum: 27. September 1988
Erfinder: Louis R. Douglas, III, San Francisco, CA

Eine Reihe von Sensoren, die über Druck und Temperatur des Urin aktiviert werden, werden in einem Plasikbehälter nahe dem Abfluß einer Toilettenschüssel oder eines Urinbeckens befestigt. An jeden Sensor wird ein ein Summer angeschlossen, der durch den Sensor aktiviert wird. Die Vorrichtung kann an ein Videogerät oder an einen Lautsprecher angeschlossen werden, der seinen Platz über der Toilettenschüssel hat und den Benutzer akustisch oder visuell stimuliert. Der Erfinder nimmt an, daß durch diese Vorrichtung die Sauberkeit von Nachtclub-Toiletten gefördert wird: Bei betrunkenen Gästen wird die Aufmerksamkeit darauf gelenkt, das Ziel nicht zu verfehlen.

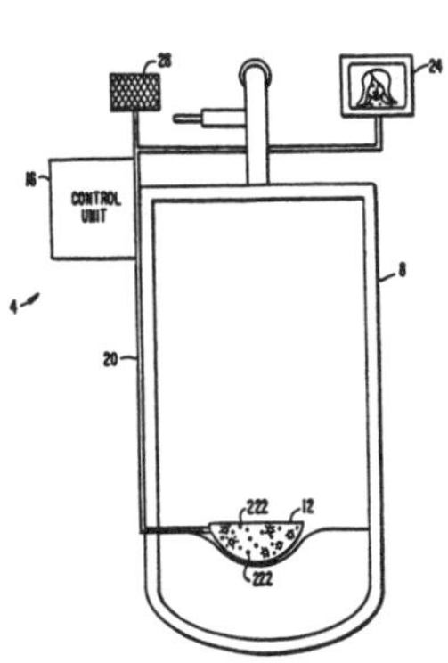

Spielzeugtier [mit Zunge zum Beutemachen]

Patentnummer: 4,778,433
Patentdatum: 18. Oktober 1988
Erfinder: Robert S. McKay, Morton Grove, IL
Dennis R. Dahm, Streamwood, IL
Robert S. McLennan, Hillside, IL

Dieses Spielzeug täuscht das Beutemachen von Beutetieren wie Fröschen oder Eidechsen vor, die zum Fangen der Beute ihre besonders lange Zunge gebrauchen. Die Spielzeugzunge ist aus einer Anzahl von miteinander verbundenen Gliedern konstruiert und liegt normalerweise zusammengerollt im Mund des Spielzeugtiers. Wenn der die Aktion auslösende Griff (78) nach vorn gedrückt wird, öffnet sich der Mund, und die Zunge rollt sich zu ihrer ganzen Länge aus. Zusätzlich läßt sich (bei Drehen des Griffes) das Ende der Zunge – ganz wie in der Realität – zum Ergreifen der Beute einrollen. Nach Ergreifen der Beute wird der Griff zurückgezogen, so daß sich die Zunge um die Beute legt und diese in den sich schließenden Mund hineinzieht.

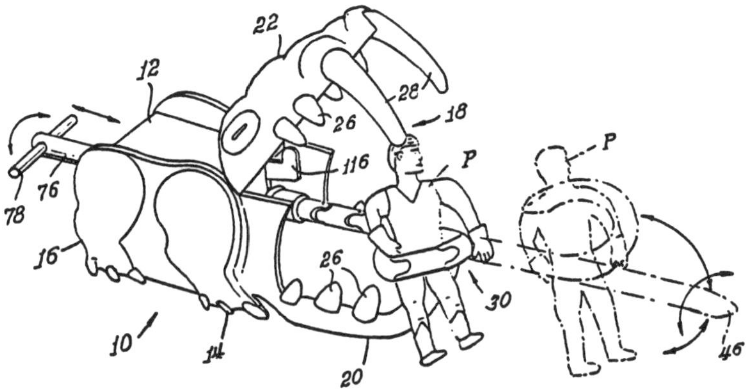

Spiel zur Voraussage von menschlichen Eigenschaften

Patentnummer: 4,779,871
Patentdatum: 25. Oktober 1988
Erfinder: Claudia M. Rasmussen, San Diego, CA

Immer wieder spekuliert man über die Charakteristika, Attribute und zukünftigen Besonderheiten eines ungeborenen Kindes. Mit Freunden und Gästen versucht man das Geschlecht, den Geburtstag, das Geburtsgewicht, Talente und Interessen des Kindes vorherzusagen. In einer Spielversion wird das Bild eines nackten Babys ohne spezifisches Geschlecht an die Wand gehängt. Jeder Teilnehmer trifft – entsprechend seiner Annahme, welches Geschlecht das Kind haben wird – seine Wahl und schreibt seine Voraussage des Geburtstages auf die Rückseite. Dann versucht jeder Spieler mit verbundenen Augen das Geschlechtssymbol seiner Wahl zwischen die Beine des Babys zu stecken. Geschlecht und Geburtstag des ungeborenen Kindes werden dem Geschlechtsymbol entsprechen, das dem Genitalbereich des Babys am nächsten kommt.

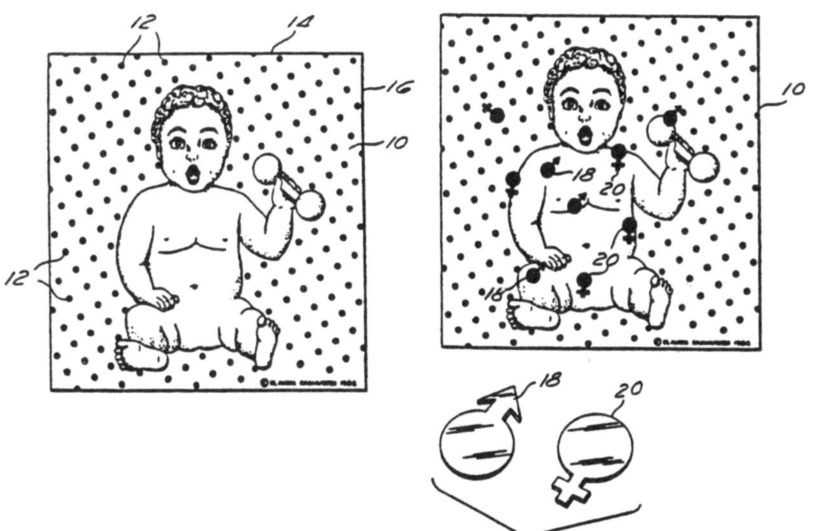

Elektronischer Spielführer

Patentnummer: 4,799,6,78
Patentdatum: 24. Januar 1989
Erfinder: Rouben T. Terzian, Chicago, IL
Jeffrey D. Breslow, Highland Park, IL
Donald A. Rosenwinkel, Oak Park, IL
John V. Zaruba, Chicago, IL

Bei diesem elektronischen Spiel handelt es sich um einen naturgetreuen Spielführer. Ein breiter Fuß stellt eine Art Bühne dar. Gleichzeitig enthält der Fuß die elektronischen Teile. Auf dem Fuß befinden sich ein Netzwerk von Anzeigelichtern plus Tastatur mit 32 Tasten (50) und vier individuelle Spielknöpfe (61-64). Die einzelnen Spieler geben ihre Initialen oder die Worte *Mama* oder *Papa* ein. Die Animation verschiedener Züge und Eigenheiten, wie der Augen, des Kopfes und der Arme wird durch einen Motor betrieben. Ein anderer Motor bewegt den Unterkiefer der Figur synchron mit einer synthetisierten Stimme oder einem Band. Der elektronische Spielführer gibt den Mitspielern Anweisungen und speichert den Punktestand verschiedener Wort- und Satzratespiele über mehrere Spielphasen.

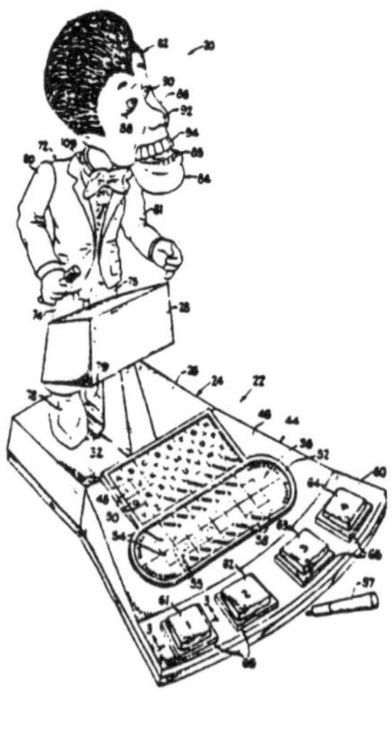

Puppe mit imitiertem Haarwachstum

Patentnummer: 4,801,286
Patentdatum: 31. Januar 1989
Erfinder: Henry Orenstein, West Caldwell, NJ
Joseph J. Wetherell, New York, NY
Allan H. Buckwalter, Philadelphia, PA

Puppen, die menschliche Handlungen oder Eigenschaften möglichst naturgetreu imitieren, sind besonders begehrt. Diese Puppe hat ein bewegliches Haarteil, das natürliches Haarwachstum imitiert. Wenn der rechte Arm der Puppe nach unten weist, dreht man den linken Arm gegen den Uhrzeigersinn. Dadurch wird das bewegliche Haarteil (mit Hilfe einer Schnur (52)) durch eine kleine Röhre in das Innere des Kopfes eingezogen und auf eine Spule aufgerollt. Zur gleichen Zeit wird eine gespannte Feder zusammengepreßt. Das Heben des rechten Armes löst eine Haltevorrichtung aus. Das hat zur Folge, daß die Feder das Haar ein Stück weit aus dem Kopf schiebt.

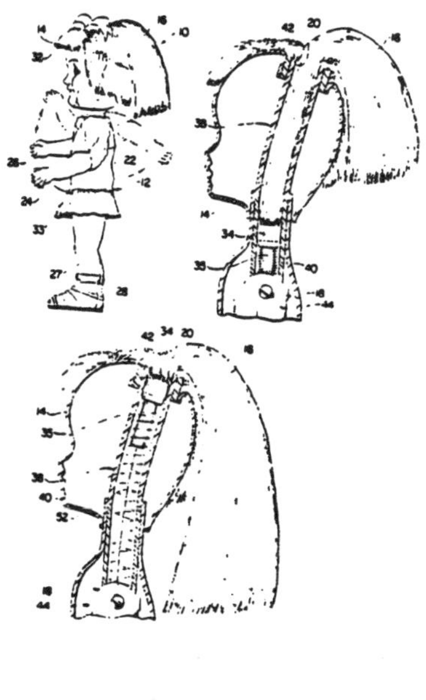

Fahrrad mit Wasserspritzpistole

Patentnummer: 4,807,813
Patentdatum: 28. Februar 1989
Erfinder: Larry Coleman, Flint, MI

Dieses Spielzeug verbindet die natürliche Freude aller Kinder an Wasser- und Spritzpistolen mit dem Spaß am Radfahren. Ein Flüssigkeits-Reservoir (38), das aus einem oder mehreren Tanks besteht, wird auf den Fahrradlenker montiert. Eine Pumpe (40) ist mit einer Klammer an der Gabel des Vorderrades befestigt. Durch die Betätigung eines auf dem Lenker montierten Kontroll-Hebels wird ein an der Pumpe befestigtes Reibungsrad in rollenden Kontakt mit dem Vorderrad gebracht. Das Reibungsrad ist mit einem Antrieb in der Pumpe verbunden und erzeugt den nötigen Wasserdruck für die Spritzpistole. Das Wasser wird dann durch einen biegsamen Plastikschlauch zu einer Düse (48) geleitet, die auf einem gepolsterten, stoßfesten Helm des Benutzers angebracht ist. Der Benutzer kann den Wasserstrahl in jede gewünschte Richtung lenken, indem er einfach den Kopf nach links oder rechts dreht. Ein positiver Nebeneffekt des Spielzeugs besteht darin, junge Radfahrer dazu zu bewegen, einen Schutzhelm zu tragen.

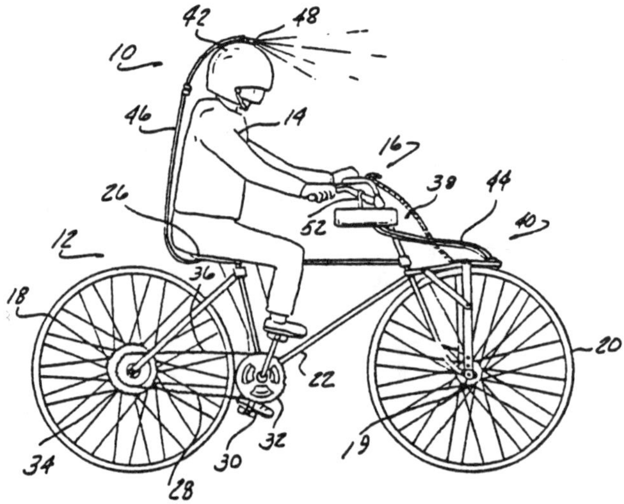

Ventilator-Spiel

Patentnummer: 4,813,683
Patentdatum: 21. März 1989
Erfinder: Elizabeth F. Ginovsky, Brockport, NY
Colleen J. Richenberg, Rochester, NY

Bei diesem Ventilator-Spiel, »Phantasy« genannt, legt man leichte Plastik-Pucks auf die Flügel eines Deckenventilators. Kleine Schilder, die auf den Pucks angebracht werden, tragen verschiedene Spielanweisungen, oder auch unterschiedliche Punktwerte, doppelte Punktzahl, Bonuspunkte, Freispiel u.ä. Wenn der Ventilator in Betrieb gesetzt wird, schleudert die Zentrifugalkraft die Pucks in alle Richtungen. Die Spieler, die sich unter dem Ventilator – getrennt durch eine Mittellinie – gegenüber stehen, versuchen nun so viele Pucks wie möglich zu fangen, bevor diese auf den Boden fallen. Pucks, die Wände, Fußboden, Möbel oder Mitspieler berührt haben, scheiden aus. Die Spieler dürfen keinen Puck von dem sich drehenden Ventilator herunternehmen. Das Spiel kann in Zeitabschnitte aufgeteilt werden, die aus einer zuvor festgelegten Anzahl von Ventilator-Umdrehungen bestehen. Das Ventilatorspiel »Phantasy« läßt viele Variationen zu: In »Reversi-Phantasy« werden Doppelklebestreifen auf den Flügeln des Ventilators befestigt: Das Ziel dabei ist, leichte Bälle, die gleichfalls mit Doppelklebestreifen beklebt sind, auf die Flügel zu werfen. »Super-Phantasy« wird in einem dunklen Raum mit Leucht-Pucks gespielt. Bei »Intim-Phantasy« (für erwachsene Paare) stellen die Puckaufschriften Bezeichnungen von Kleidungsstücken oder Anregungen für besondere Handlungen dar, die der Spieler, der den Puck fängt, ausführen muß.

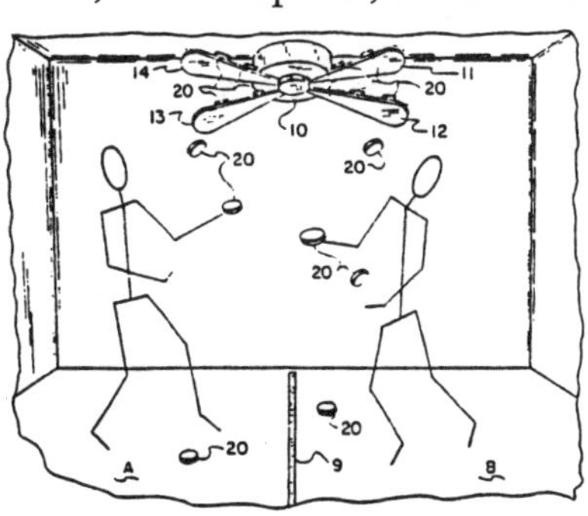

Vergnügliche Bildungsreise durch die Anatomie

Patentnummer: 4,865,550
Patentdatum: 12. September 1989
Erfinder: Shao-Chun Chu, Monterey Park, CA

Diese vergnügliche Fahrt findet in einem großen Gebäude statt, das von außen die Körperform von Mann und Frau hat, die teilweise unter einer Decke liegen. Bei der Fahrt können sich die Teilnehmer über den menschlichen Körper informieren sowie darüber, wie sich pathologische Zustände vermeiden lassen. Die Teilnehmer durchfahren dabei eine Reihe von Innenräumen, die gesunde und kranke innere Organe von Mann und Frau naturgetreu imitieren. Der Eingang erfolgt über eine Treppe (44), die in den Mund des Mannes führt (50). Die Teilnehmer besteigen dann einen Zug, der sie zunächst in die Stirnhöhle bringt, und dann, vorbei an Gehirn, Auge und Innenohr, in einen Körperteil, der die Bauchhöhle von Mann und Frau darstellt. Von dort fährt der Zug durch Speiseröhre (139), Magen (134), und Innereien. Er fährt weiter durch Harnleiter und Fortpflanzungsorgane, durch die Leber (210) und durch Herzgefäße (220), bevor er durch Lunge (270) und Luftröhre den Körper wieder verläßt.

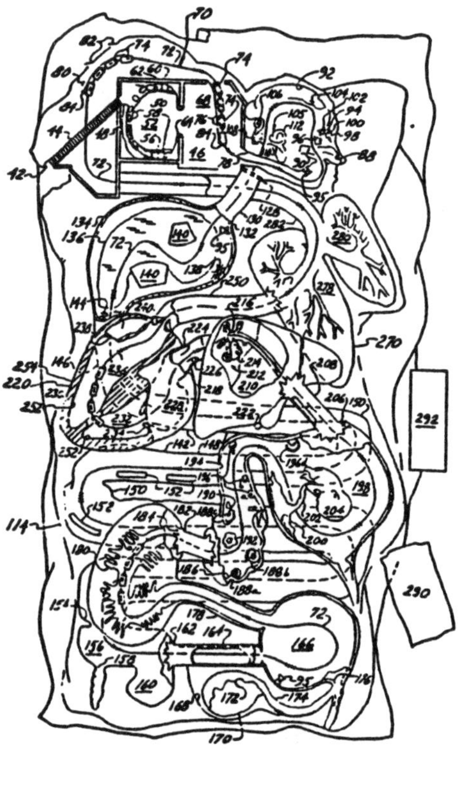

Höchstleistungs-Motorrad-Simulator

Patentnummer: 4,978,300
Patentdatum: 18. Dezember 1990
Erfinder: Howard Letovsky, Los Angeles, CA
Bernard Fried, Beverley Hills, CA

Diese Erfindung versucht in realistischer Weise Sicht, Geräusche und physikalische Kräfte zu simulieren, die man beim Motorradfahren erlebt. Der Simulator ermöglicht eine Kombination von sechs verschiedenen Bewegungsarten: Der Motorradrahmen kann, während er sich gleichzeitig vor oder zurück bewegt, von einer Seite auf die andere schwingen, sich um die vertikale Achse drehen (schlingern), vor und zurückkippen (abheben), oder sich aus der Vertikalen herausbewegen (sich um die Achse drehen). Das Gefühl des Motorradfahrens wird noch dadurch verstärkt, daß der Fahrer scheinbar auf Gegenwind stößt, der mit der vorgetäuschten Fahrtgeschwindigekeit korrespondiert. Ein computergesteuerter Videoprojektor (18) entfaltet auf einer aufgestellten Leinwand (20) die Ansicht einer virtuellen Umgebung. Ein Geräuschsystem im Helm des Fahrers täuscht Straßen- und Maschinenlärm vor. Bei Problemen oder einem simulierten Unfall ist die Anlage mit einem Sicherheitssystem versehen, das die Simulation zu jeder Zeit beendet und den Motorradrahmen wieder in die neutrale Position versetzt.

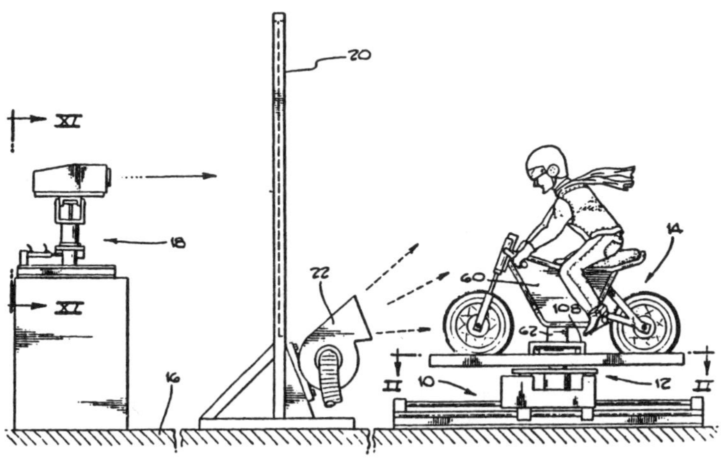

Stofftier mit integriertem Heiz- und Wärmespeichersystem

Patentnummer: 4,979,923
Patentdatum: 25. Dezember 1990
Erfinder: Toshio Tanaka, Yokohama, Japan

In diesem Stofftier ist ein Wärmespeichersystem eingebaut, so daß es für lange Zeiträume eine relativ konstante Temperatur halten kann. Die Wärmespeichereinheit enthält einen Kunstharzbeutel, der mit über 200 g einer Substanz beschichtet ist, die eine hohe Wärmespeicherkapazität hat (9). Um die Einheit aufzuheizen, ist ein elektrisches Kabel mit einem kleinen Stecker im Spielzeug (7) verbunden. Dadurch wird eine Heizvorrichtung (5) aktiviert, die mit dem Wärmespeichermaterial in Kontakt steht. Ein Thermostat läßt nach etwa 30 Minuten einen Summer ertönen, der das Ende des Aufheizens anzeigt. Zu dieser Zeit ist das Speichermaterial vollständig geschmolzen und die Oberfläche des Stofftiers hat eine Temperatur von ca. 55° C. Das Kabel kann dann entfernt und das Stofftier sicher einem Kind übergeben werden. Durch langsame Erhärtung des Speichermaterials wird Wärme abgegeben, und das Stofftier bleibt für mindestens fünf Stunden 40°C–55°C warm.

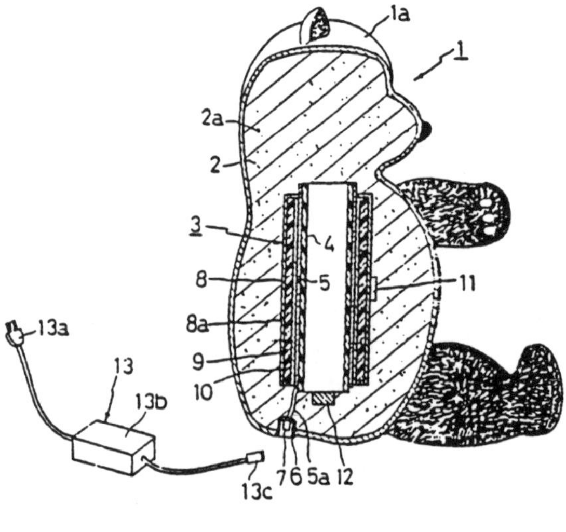

GESUNDHEIT UND HYGIENE

Alle Bereiche der menschlichen Hygiene werden ständig durch Erfindungen verbessert, um ein wenig mehr Sauberkeit in unser Leben zu bringen. Es vergeht kaum eine Woche, ohne daß drei oder vier neue Patente für die High-Tech-Toilette herausgebracht werden; sogar das bescheidene Stück Seife wird fortwährend verbessert. Es wurde wahrscheinlich in der Menschheitsgeschichte mehr Erfindungsgeist eingesetzt, um den Menschen die Kopfschmerzen zu erleichtern, als sie von anderen schweren Krankheiten zu kurieren. Auch die alternative Medizin, die andere Wege als die herkömmliche Schulmedizin sucht, ist stark repräsentiert, da wir neue Möglichkeiten suchen, ein besseres Körpergefühl zu entwickeln und uns insgesamt wohler zu fühlen. Überraschenderweise ist die Patent-Aktivität selbst im Bereich des Spucknapf-Designs immer noch sehr groß.

Pissoir für Frauen

Patentnummer: 4,985,940
Patentdatum: 22. Januar 1991
Erfinderin: Kathie K. Jones, Pensacola, FL

Da gesunde Menschen beiderlei Geschlechts etwa die gleiche Zeit zum Urinieren benötigen, sind die langen Schlngen vor Damentoiletten auf das Fehlen von bequemen, im Stand zu benutzenden Toiletteneinrichtungen zurückzuführen, wie sie in den Herrentoiletten unter der Bezeichnung Pissoir üblich sind. Diese Erfindung will die Grundlage für die Installation ähnlicher Anlagen in Damentoiletten schaffen, so daß auch Menschen weiblichen Geschlechts im Stehen urinieren können. Die Funktionsweise kann auch von einer Frau, die die Einrichtung zum ersten Mal betritt, sofort verstanden werden. Die Keramikanlage endet direkt über dem Boden in einem mit Wasser gefüllten Becken (18). An einem langen beweglichen Schlauch (26), der in das Becken führt, ist oben ein den Urin aufnehmender Trichter (22) montiert. Bei Bedarf nimmt man den Trichter (an einem Griff (24)) von seinem Haken (30A, 30B) und versieht ihn mit einem hygienischen Schutzpapier aus einem an der Wand angebrachten Papierspender (70). Das hygienische Schutzpapier bedeckt den Rand des Trichters, so daß dieser mit dem Körper der Benutzerin nicht in Berührung kommt. Das Papier fällt automatisch in das Becken, wenn der Trichter nach Gebrauch wieder an den Haken gehängt wird. Eine in der Wand montierte Spülung beseitigt den Abfall aus dem Becken.

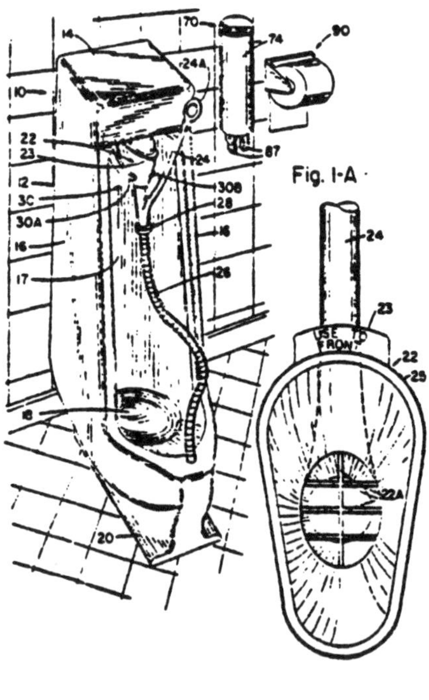

Gesichts- und Nackenschutz für den Zahnarztpatienten

Patentnummer: 4,969,473
Patentdatum: 13. November 1990
Erfinderin: Susan F. Bothwell, Atlanta, GA

Diesen einmaligen Schutz für Gesicht und Nacken trägt der Zahnarztpatient während der Prozedur der Zahnreinigung. Dadurch sollen Augen, Haare und die oberen Atmungsorgane des Patienten vor dem feinen Nebel geschützt werden, der aus dem Mund sprüht, wenn der Zahnarzt mit einem Strahl von Schmirgellösung die Zähne säubert und poliert. Der Schutz ist aus einem leichten, anpassungsfähigen Material hergestellt und bedeckt das Gesicht des Patienten vollständig bis auf den Mund. Die Mundöffnung ist mit einer feinen Klebschicht umgeben, so daß der Schutz um die Lippen herum dicht abschließt. Dadurch wird dem Patienten auch das Offenhalten des Mundes während der Behandlung erleichtert. Ein luftdurchlässiges Tuch bedeckt die Nase, um das Atmen zu erleichtern; flexible, transparente Plastikfensterchen schützen die Augen.

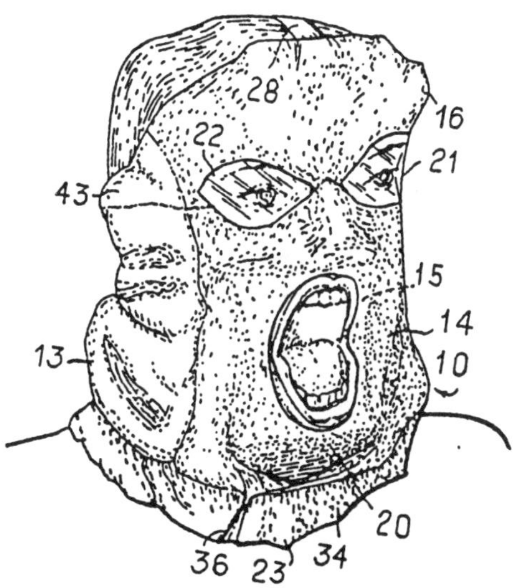

Zahnbürste mit Signalanlage

Patentnummer: 4,788,734
Patentdatum: 6. Dezember 1988
Erfinder: Gerfried Bauer, Richterswil, Schweiz

Mit dieser Zahnbürste soll es Kindern und Erwachsenen erleichtert werden, die Zähne mindestens zwei Minuten lang zu putzen. Wenn der Benutzer die Zahnbürste in die Hand nimmt, aktiviert sein Daumen einen Schalter am Griff. Der Schalter ist Teil einer winzigen elektronischen Anlage, die eine Melodie oder auch gesprochene Worte von sich gibt. Diese Klangwiedergabe erfolgt zwei Minuten lang, die Zeitspanne, die Zahnärzte als Optimum für das Zähneputzen nach jeder Hauptmahlzeit ansehen. Die Batterie hält etwa drei Monate, ein Zeitraum, nach der eine Zahnbürste sowieso durch eine neue ersetzt werden sollte. Da in jede Zahnbürste bei der Herstellung verschiedene Melodien programmiert werden können, bietet die Anschaffung einer neuen Zahnbürste dem Benutzer die Gelegenheit, eine neue Tonfolge auszuwählen.

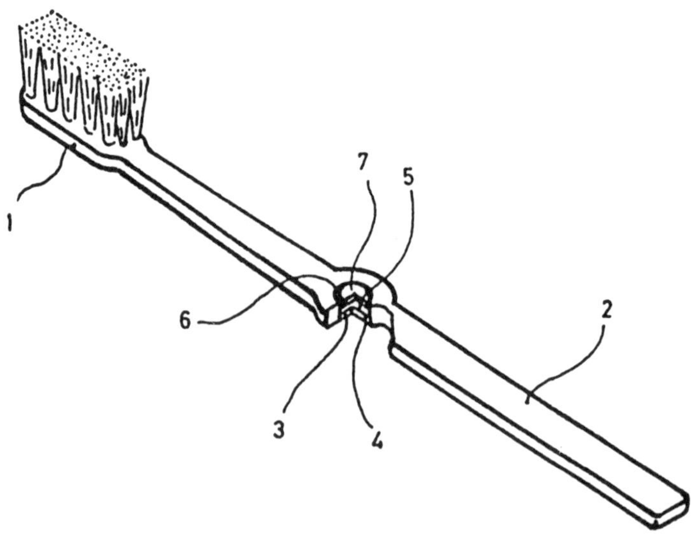

Durch Muskelkraft betriebene Dusche

Patentnummer: 4,829,609
Patentdatum: 16. Mai 1989
Erfinder: Ernst Debrunner, Zürich, Schweiz

Diese durch Muskelkraft betriebene Dusche vermeidet die Mängel früherer ähnlicher Modelle und vermag den Benutzer mit einem relativ starken Wasserstrahl zu versorgen. Zwei fußbetriebene Blasebälge (5, 6) liefern das Wasser aus einer externen Quelle (7). Der Benutzer bedient sie, indem er abwechselnd von einem Blasebalg auf den anderen tritt. Das Wasser fließt unter relativ geringem Druck durch einen Plastikschlauch zum Duschkopf und tritt in diesen durch einen spitz zulaufenden Kanal (31) ein, der die Geschwindigkeit des Strahls steigert. Wenn der Wasserstrahl daraufhin in den glockenförmigen Kopf (31) gelangt, verliert er nur sehr wenig von seiner Kraft. Durch kleine Löcher (34) verläßt das Wasser den Duschkopf als ein Duschstrahl mit vergleichsweise starkem Druck.

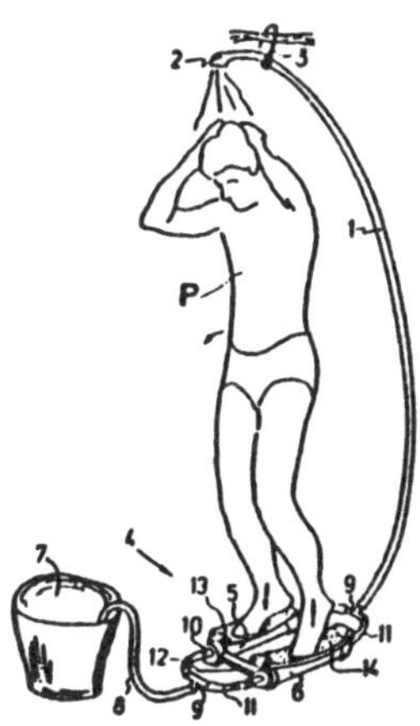

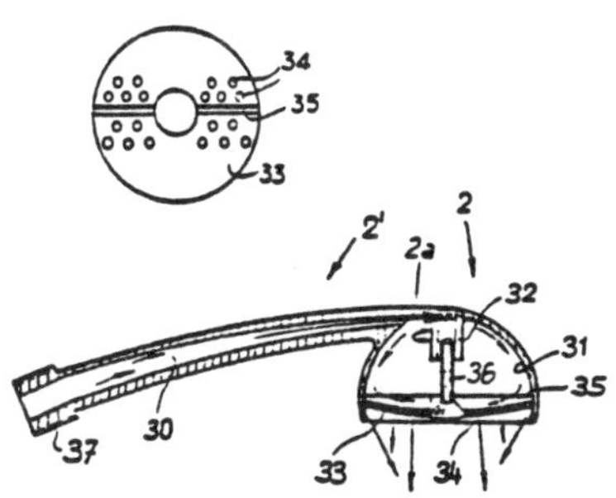

Ganzkörper-Bürste

Patentnummer: 4,817,227
Patentdatum: 4. April 1989
Erfinder: John H. Scott, St. Louis, MO

Viele Menschen finden es schwierig, beim Baden oder Duschen bestimmte Körperregionen zu erreichen. Diese benutzerbetriebene Ganzkörper-Bürste für ein Dusch- oder Wannenbad ermöglicht es dem Benutzer, seinen Rücken oder auch tiefer liegende Extremitäten ohne Probleme zu reinigen. Eine verlängerte vertikale Führungsstange (14) ist durch Saugnäpfe (27) an der Wand befestigt und dient als Schiene für ein Paar beweglicher Bürsten. Der Bürstenhalter (16) gleitet in dieser Schiene immer dann auf und ab, wenn der Benutzer an einer Schnur (19) zieht oder sie lockerläßt. In dem Bürstenhalter befindet sich außerdem ein kleines Triebwerk oder Friktionswalzen, die beim Auf- und Abfahren des Bürstenhalters eine kreisförmige Bewegung der Borsten erzeugt. Ein Flüssigkeitsbehältnis (36) enthält Körper-Lotion, Shampoo oder Badesalz, das durch eine kleine Düsenanlge (30) dem Wasserstrahl beigefügt und auf die Borsten verteilt werden kann.

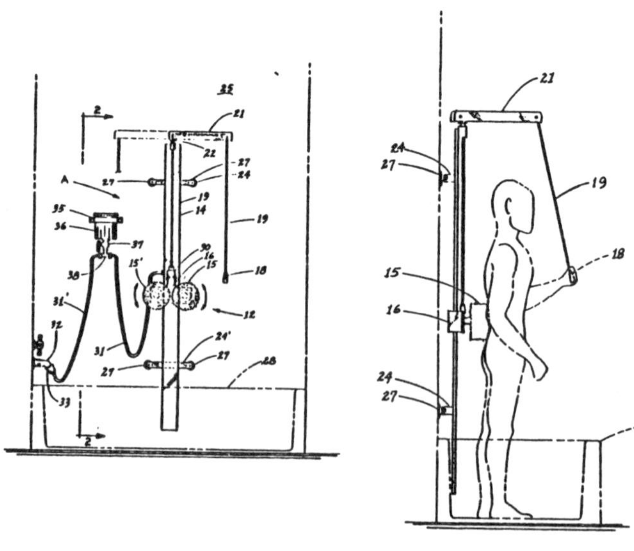

Bekleidungsartikel mit Präservativ

Patentnummer: 4.942,885
Patentdatum: 24 Juli 1990
Erfinder: Anton Davis, Jamaica, NY
Kelvin A. Simmons, Massapequa, NY
Richard Blair, Brooklyn, NY

Diese Erfindung verhindert das Herabgleiten des Kondoms beim Gebrauch. Außerdem sitzt es besser als ein konventionelles Kondom und sorgt dadurch für größere Sicherheit: Zu der Kondomvorrichtung gehört ein Schlüpfer, der durch einen Taillengürtel gehalten wird. Der obere Rand des Kondoms wird sicher von zwei Plättchen (60, 62) eingefaßt. Druckknöpfe auf den das Kondom haltenden Plättchen und der Unterhose ermöglichen bei Bedarf ein schnelles Anbringen des Kondoms.

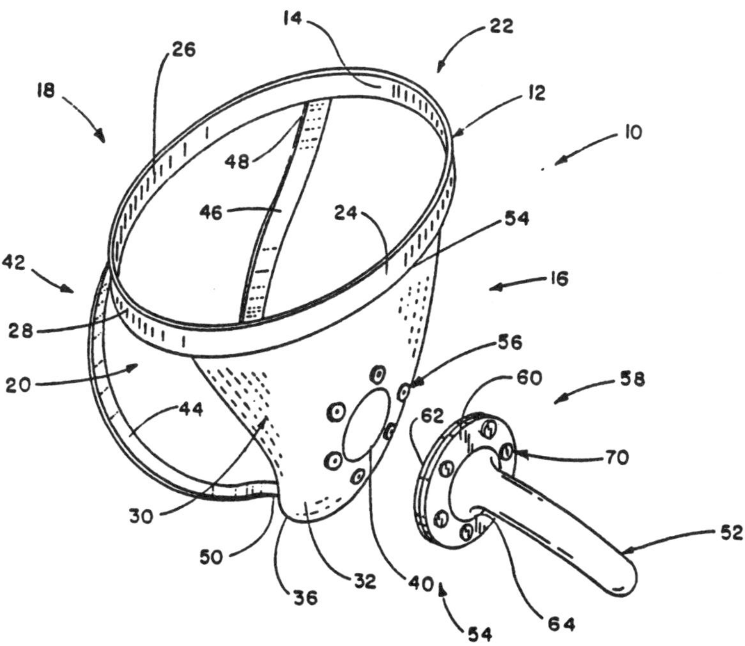

Phosphoreszierendes Kondom

Patentnummer: 4,920,983
Patentdatum: 1. Mai 1990
Erfinder: Francisco G. Jimenez, San Juan, Puerto Rico
George Spector, New York, NY

Dieses Kondom besteht aus einem Paar ineinandergeschobener Latex-Hüllen (12). Ein Kügelchen mit einer phosphorisierenden Flüssigkeit (24) befindet sich zwischen den beiden Hüllen im Zentrum der abgerundeten Spitze. Wenn diese Montour über ein gewöhnliches Kondom (26) gezogen wird, läßt der entstehende Druck das Kügelchen platzen. Die phophorisierende Flüssigkeit kann sich so ausbreiten und den gesamten Raum zwischen den beiden Hüllen ausfüllen. Sie wird durch Lichteinfall aktiviert. Nach Entfernen der Lichtbestrahlung leuchtet die Flüsssigkeit eigenständig in der Dunkelheit. Es wird keine Angabe darüber gemacht, wie lang das Leuchten anhält.

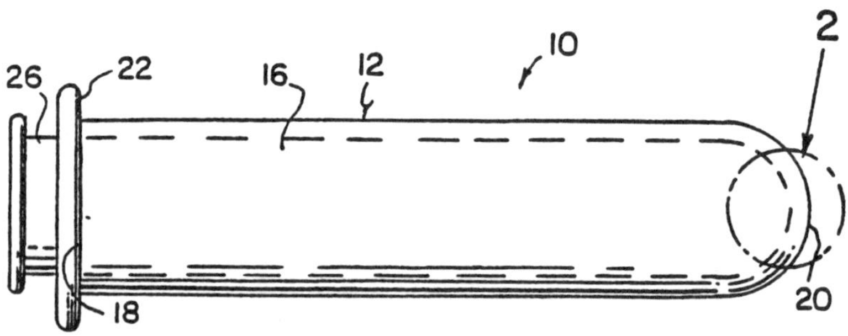

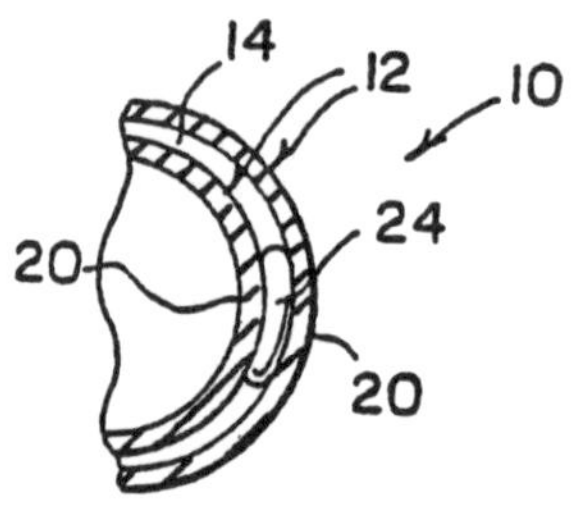

Leitfähiges Kondom

Patentnummer: 4,971,071
Patentdatum: 20. November 1990
Erfinder: Gary D. Johnson, New York, NY

Herkömmliche Kondome sind aus nicht-leitfähigem Material hergestellt. Sie blockieren jeden Austausch einer möglichen elektrischen Aufladung, die in den Nervenenden der Partner entstehen kann und vermindern dadurch den Grad der Stimulation. Das elektrisch leitfähige Kondom löst dieses Problem. Es besteht aus einem dünnen elastischen Material, wie z. B. Latex. Da Gummi ein Isoliermittel ist, enthält das Kondom außerdem zahlreiche winzige aus Karbon oder Silber bestehende Partikel. Es können sich etwa eine Million solcher kleiner elektrischer Kontakte auf dem Quadratzentimeter befinden. Es kann darüberhinaus ein Gel oder Spermizid verwendet werden, um die Leitfähigkeit zu verbessern. Auf Wunsch kann ein spezielles Halteband geliefert werden. Es gibt sowohl eine männliche als auch eine weibliche Version der Erfindung.

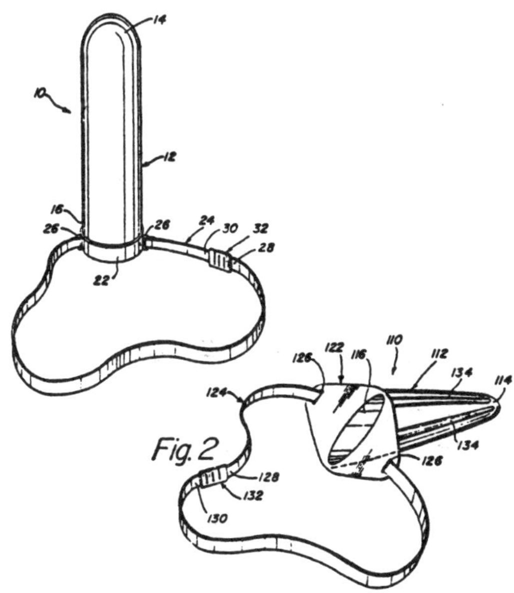

Vakuum-unterstützter Kondom-Applikator

Patentnummer: 4,984,582
Patentdatum: 15. Januar 1991
Erfinder: Gregory Romaniszin
Eva Romaniszin
beide aus Fort McMurray, Alberta, Kanada

Dieser Applikator soll verhindern, daß ein Kondom bei schnellem Gebrauch beschädigt werden kann. Es stellt einen doppelwandigen konzentrischen Schlauch dar, der an einer Seite abgerundet, an der anderen offen ist. Die äußere Hülle (2b) ist aus einem Stück und luftdicht, die innere (2a) ist perforiert. Bei der Herstellung eines konventionellen Kondoms (9) geht der äußere Rand (11) an dem offenen Ende in eine Art Rinne (28) über. Bei diesem Applikator wird ein Vakuum mit einem Membran-Ventil (7) an der Spitze verbunden, so daß die äußere Hülle an der inneren Hülle in einer leicht gedehnten Kondition haftet. Das Ventil ist versiegelt und die ganze Einheit wird so dem Verbraucher übersandt. Wenn dieser es benutzen möchte, muß er ein zweites Membran-Ventil (6) drücken, das sich in der Nähe des offenen Endes befindet. Dadurch tritt Luft in den Raum zwischen den zwei Hüllen ein, und das Kondom zieht sich durch seine natürliche Elastizität zusammen.

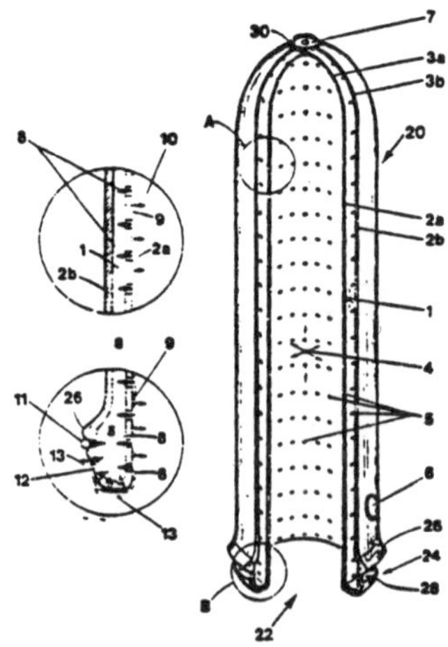

Apparat zur Behandlung von Kopfschmerzen

Patentnummer: 4,781,193
Patentdatum: 1. November 1988
Erfinder: Kenneth L. Pagton, Leeton, Australien

Diese Erfindung stellt ein einfaches, aber wirkungsvolles Mittel zur Linderung oder auch Heilung gewöhnlicher Kopfschmerzen, Migräne oder anderer schmerzhafter Zustände des Kopfes dar. Der Patient trägt eine elektrisch erwärmte Mütze, die die Temperatur des oberen Kopfteils erhöht. Außerdem umgibt ein Kopfband, das kühlende Spulen enthält, Augenbrauen und Schläfen des Patienten. Die Spulen sind mit einer Kühlflüssigkeit gefüllt. Experimente sollen gezeigt haben, daß es bei Kopfschmerzen lindernd wirkt, den oberen Teil des Kopfes zu wärmen und die Zone direkt über den Ohren zu kühlen.

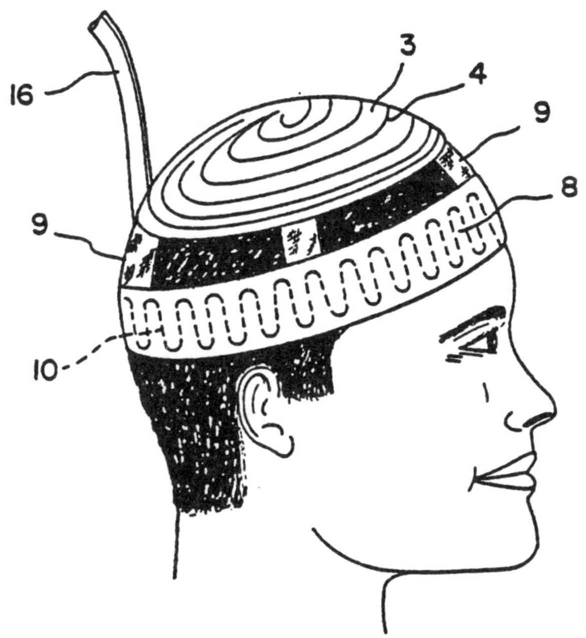

Kopfhaut-Massage

Patentnummer: 4,807,604
Patentdatum: 28. Februar 1989
Erfinder: Heriberto Canela, Hialeah, FL

Es sind in der Vergangenheit bereits Techniken entwickelt worden, bei denen mittels eines pulsierenden Duschstrahls verschiedene Körperteile einer Massage unterzogen werden können. Keine dieser Vorrichtungen jedoch massiert spezielle Teile der Kopfhaut, ohne daß man dabei die Hände benutzen muß. Bei dieser Erfindung fließt Wasser durch eine Ventilvorrichtung (120), so daß man zwischen gewöhnlichem Duschen und einer Massage wählen kann. Der Benutzer trägt einen Helm, der der Länge nach eine Reihe von kleinen Löchern enthält. Man kann sich nun an einer bestimmten Stelle massieren lassen, indem man die Massagestrahl-Halterung (40) in dem entsprechenden Loch mit Hilfe eines Schlosses (42) anbringt. Der Massagestrahl, der aus dem Massagekopf (46) heraustritt, trifft auf die Kopfhaut des Benutzers und rinnt dann am Körper herab. Auf diese Weise wird nicht nur die Kopfhaut massiert, sondern gleichzeitig der Körper gereinigt.

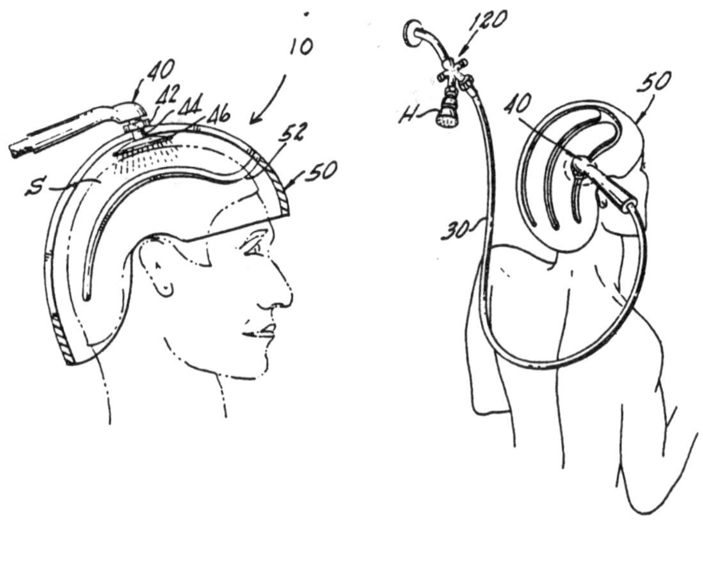

Massagehelm bei Schlaflosigkeit

Patentnummer: 5,081,986
Patentdatum: 21. Januar 1992
Erfinder: Nam I. Cho, Ashland, MA

Eine Kopfmassage erzeugt angenehme Gefühle und löst Spannungen; daher ist sie ein geeignetes Mittel zum Abspannen und eine erfolgreiche Thearpie bei Schlaflosigkeit. Leider steht aber den meisten Menschen, die unter Schlaflosigkeit leiden, nachts niemand für eine Kopfmassage zur Verfügung. Der Massagehelm löst dieses Problem. Er enthält ein Endlosband, das aus weichem Kunststoff besteht und unterschiedliche Strukturen aufweist. Das Band hat sowohl eine Fläche, die die Wellenbewegung der menschlichen Handfläche imitiert (46) als auch eine Fläche mit hervorstehenden Noppen; diese Noppen imitieren menschliche Finger, wenn sie durch das Haar fahren (48). Ein kleiner elektrischer Motor (24) und aufladbare Batterien (20) bewegen das Band für etwa 30 Minuten von der Stirn bis zum Haaransatz. Es wird empfohlen, das Haar vor dem Gebrauch nach hinten zu kämmen, damit es sich nicht im Gürtel verstrickt.

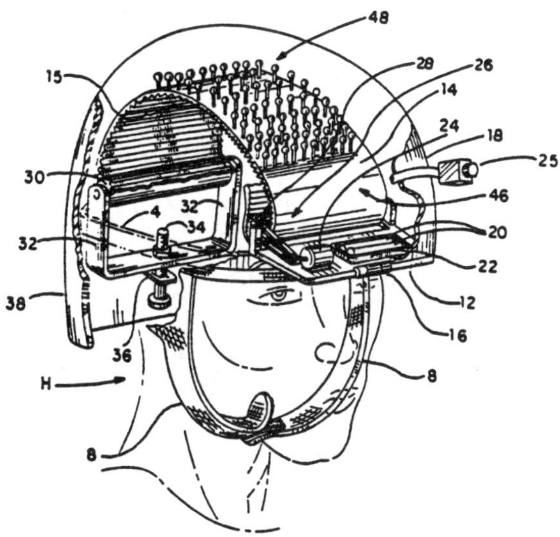

Toilettenschüssel-Beleuchtung

Patentnummer: 5,136,476
Patentdatum: 4. August 1992
Erfinder: Donald E. Horn, Uniontown, OH

Bei einem nächtlichen Toilettenbesuch finden es viele Menschen störend, das Zimmer- bzw. Badlicht anzuschalten. Ebenso wird das Löschen des Lichts nach dem Toilettenbesuch als störend empfunden, weil sich die Augen erst wieder an die Dunkelheit gewöhnen müssen und die Orientierung in dieser Zeit meist schwer fällt. Außerdem werden Erwachsene mit Kleinkindern, die noch nicht an den Lichtschalter kommen, oftmals mitten in der Nacht geweckt, da sie ihren Kindern helfen müssen. Diese batteriebetriebene Toilettenschüssel-Beleuchtung hängt vom Rand der Toilettenschüssel herab und sorgt für ausreichend Licht, um die Einrichtung aufzusuchen und zu benutzen. Die Klobrille kann sowohl geöffnet als auch geschlossen sein. Die Lichtquelle ist eine energiearme, grüne Diode (32), die über der Schüssel hängt. Durch einen photoelektrischen Sensor schaltet sich das Licht am Tage automatisch ab.

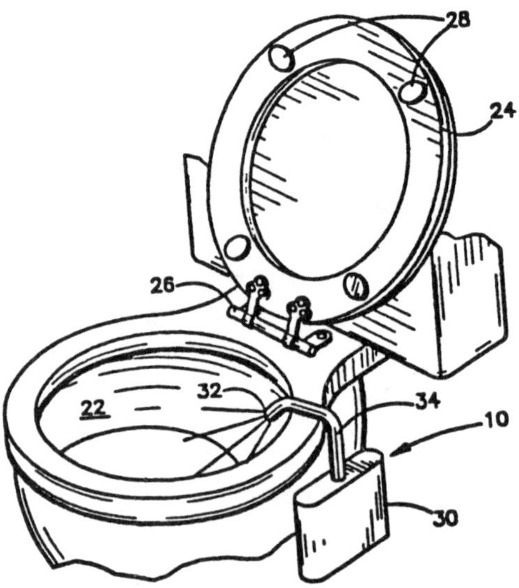

Klodeckel-Alarm

Patentnummer: 4,849,782
Patentdatum: 18. Juli 1989
Erfinder: Blake Warrington, Dublin, CA

Eine offene Toilettenschüssel stellt keinen besonders attraktiven Anblick dar und schafft zusätzlich Probleme: Kleine Kinder und Haustiere können sich beispielsweise von der Toilettenschüssel angezogen fühlen und versuchen hineinzuklettern. Wenn nicht nur der Klodeckel, sondern gleichfalls die Klobrille offen bleibt, kann es für den nächsten Benutzer höchst unangenehm werden, wenn er die Situation nicht rechtzeitig überschaut. Bei dieser Erfindung ertönt ein Signalton, wenn der Toilettendeckel nicht sofort geschlossen wird, nachdem die Klospülung betätigt wurde. Das den Alarm beinhaltende Behältnis (19) hängt an einer hakenförmigen Klammer vom Toilettenkasten herab. Ein schwimmender Sensor (36) tastet die Höhe des Wasserspiegels ab. Ein magnetischer Schalter (24) überprüft in Verbindung mit einem anderen kleinen Magneten, der auf dem Toilettendeckel selbst montiert ist (46), die Position des Toilettendeckels. Nach Betätigung der Spülung, fällt der Wasserspiegel und verschließt die Schwimmschaltung. Wenn der Klodeckel noch nicht geschlossen wurde, wird ein Signal ausgelöst. Der Ton schaltet sich automatisch ab, wenn der Deckel heruntergeklappt wird. Wenn der Klodeckel nicht geschlossen wird, schaltet sich der Ton schließlich dadurch ab, daß der Wasserspiegel wieder steigt.

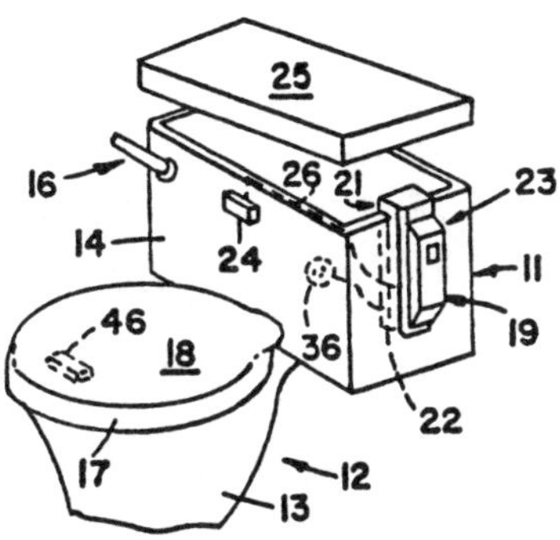

Bus- bzw. Autositz mit integrierter Toilette

Patentnummer: 4,785,483
Patentdatum: 22. November 1988
Erfinder: Paul H. Wise, Tucson, AZ

Reisebusse und Wohnwagen werden mit Toiletten ausgestattet, damit Reisende große Entfernungen zurücklegen können, ohne das Fahrzeug verlassen zu müssen. Hier wird die Installation einer Toilette vorgestellt, die in einen gewöhnlichen Passagiersitz integriert ist, so daß die Toilette keinen zusätzlichen Raum in dem Fahrzeug in Anspruch nimmt. Die gesamte Vorrichtung ist, wie auch Lastkraftwagensitze, auf Kugellagern montiert, so daß sie etwas federt. Wenn der Sitz als Toilette benutzt werden soll, zieht der Benutzer einen kleinen Vorhang zu, der rund um den Sitz läuft und klappt eine der hochklappbaren Armlehnen (17) hoch. Dann wird der Verschluß (54) des ebenfalls klappbaren Sitzkissens (16) gelöst und zu einer Seite heruntergeklappt. Wenn die durch Fußdruck betriebene Spülung (nicht abgebildet) gedrückt wird, sorgt eine elektrische Pumpe für fließendes Wasser aus einem Behälter. Die Exkremente werden in einem kleinen Auffangbecken unter dem Fahrzeug gesammelt. Nach Gebrauch wird die Toilette durch eine Gummidichtung verschlossen.

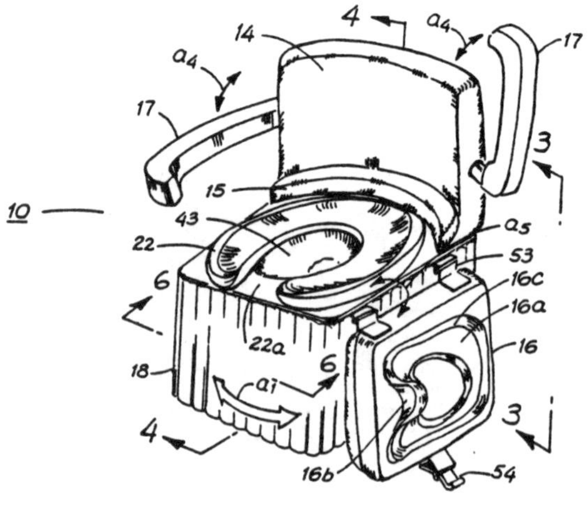

Musiktöpfchen für Kinder

Patentnummer: 4,777,680
Patentdatum: 18. Oktober 1988
Erfinder: Lirida Paz, Elizabeth, NJ

Dieses Musiktöpfchen erleichtert es dem Kleinkind, das Benutzen der Toilette zu erlernen. Vor dem Gebrauch wird eine leichte Plastikausfütterung in den Behälter (30) eingepaßt, und der Musicbox-Schlüssel (72) wird aufgezogen. Wenn das Kind sein Geschäft macht, fällt dieses auf eine Plattform, die auf einer Feder aufliegt (52). Das kleine zusätzliche Gewicht drückt die Feder (60) leicht zusammen, so daß unten ein kleiner Hebel (74) in Bewegung gesetzt wird. Dadurch schaltet sich die Musicbox ein. Auf diese Weise werden die Bemühungen des Kindes mit einer Melodie belohnt.

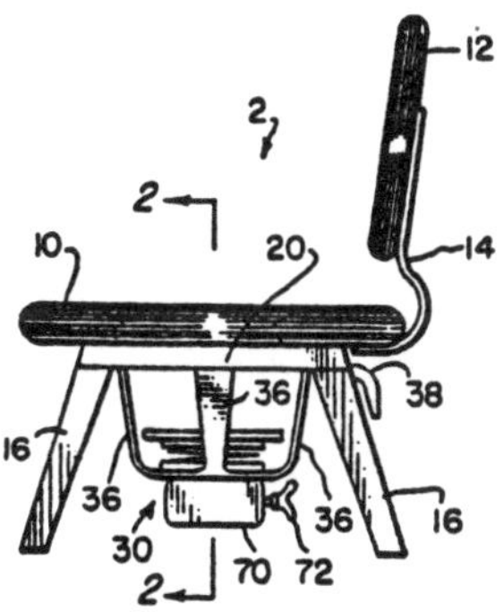

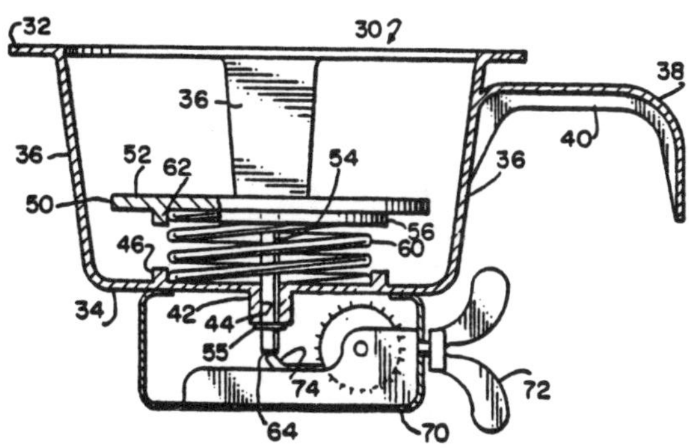

Vorrichtung zum Testen des eigenen Mundgeruchs

Patentnummer: 4,922,921
Patentdatum: 8. Mai 1990
Erfinder: Laurence B. Donoghue, Palos Verdes, CA

Menschen, die unter einem schlechten Mundgeruch leiden, sind sich dieser Tatsache meist gar nicht bewußt und belästigen ihre Mitmenschen ohne es zu bemerken. Mit diesem Testgerät kann der Benutzer seinen Mundgeruch schnell und einfach überprüfen. Das Gerät besteht aus einer Gummi- oder Plastikmaske, die man über Nase und Mund hält. Der Benutzer holt einmal tief Luft und atmet durch den Mund in die Maske aus. Die frische Luft, mit der die Maske ursprünglich gefüllt war, wird durch die kleinen Öffnungen am oberen Rand der Maske hinausgedrückt. Die ausgeatmeten Luftgase, die schwerer als Luft sind, verbleiben in der Maske, solange diese über Nase und Mund gehalten wird. Der Benutzer atmet dann durch die Nase ein, so daß er den exhalierten Atem selbst auf einen eventuellen Mundgeruch hin überprüfen kann.

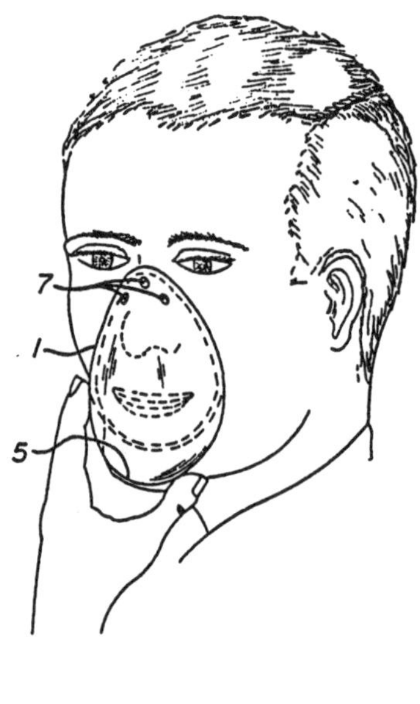

Auto-Spucknapf mit Wasserspülung

Patentnummer: 4,989,275
Patentdatum: 5. Februar 1991
Erfinder: Dan L. Fain, Chancellor, AL

Dieser Spucknapf mit Wasserspülung ist für den Gebrauch im Auto gedacht. Der Benutzer spuckt in ein zylindrisches Behältnis (26), das mit einem Haftstreifen an einer gut erreichbaren Stelle im Auto befestigt ist. Durch das Einwirken der Schwerkraft fließt die Spucke durch das trichterförmige Behältnis auf den Boden desselben hinab. Von dort aus fließt sie in einen Drainagen-Schlauch (36) und landet schließlich auf dem Boden des Fahrzeugs. Der Benutzer kann dann einen kleinen Knieschalter betätigen, der an der Seite des Behälters montiert ist. Das führt dazu, daß durch eine zusätzliche motorbetriebene Pumpe (52) aus der Wisch-Wasch-Anlage Wasser über einen Schlauch in den Spucknapf geleitet wird: Auf diese Weise wird das Innere des Spucknapfs gespült.

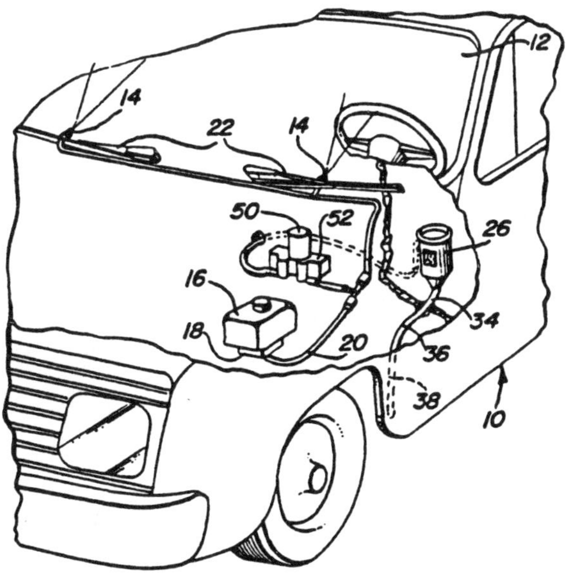

NEUHEITEN

Wir alle werden gern durch etwas Neues und Ungewöhnliches überrascht. In diesem Kapitel führen wir einige Erfindungen vor, die einfach ein wenig anders sind . . .

Sandalen

Patentnummer: D.308,125 (Design Patent)
Patentdatum: 29. Mai 1990
Erfinder: Peter I. Fraser, Eugene, OR

Diese einzigartigen Sandalen sorgen mit Sicherheit überall für Aufmerksamkeit.

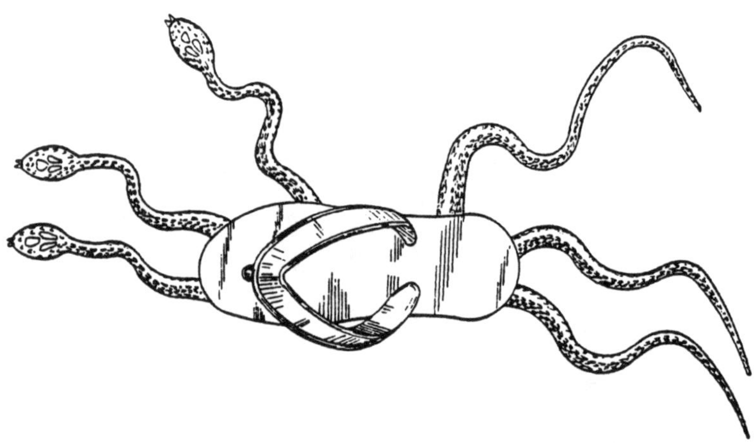

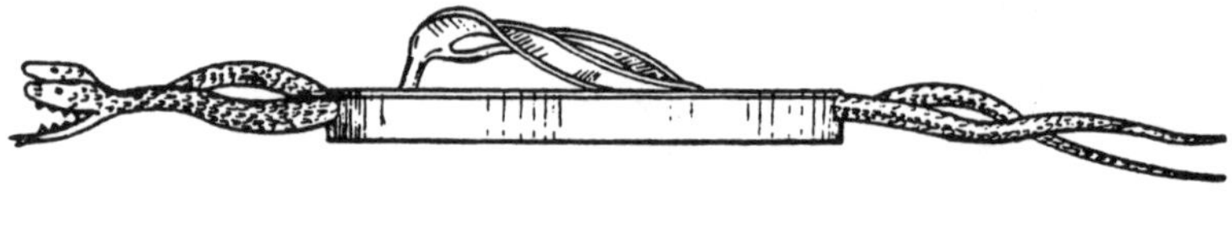

Zappelndes Fischvergnügen

Patentnummer: 4,775,351
Patentdatum: 4. Oktober 1988
Erfinder: Victor Provenzano, Jr., Ventura, CA

Diese Neuheit auf dem Markt der Erfindungen imitiert nahezu naturgetreu Verhalten und Bewegungen eines Fisches, der soeben aus dem Wasser geholt wurde. Der Fischkörper besteht aus Gummi oder einem formbaren elastischen Kunststoff. In der Körperhöhle treibt ein batteriebetriebener Motor eine bewegliche rotierende Stange (28) an, die – leicht gebogen – der Länge nach durch den Fischkörper geht. An dieser Stange sind eine Reihe von exzentrisch montierten Scheiben (32) angebracht. Der Motor kann manuell oder durch einen geräuschbetriebenen Schalter (38) in Gang gesetzt werden. Wenn die Stange sich dreht, verleihen die Scheiben dem Fischkörper eine zappelnde Bewegung. Der Erfinder schlägt die Vorrichtung als passendes Geschenk vor für Angler, die es nie schaffen, den großen Fang zu machen.

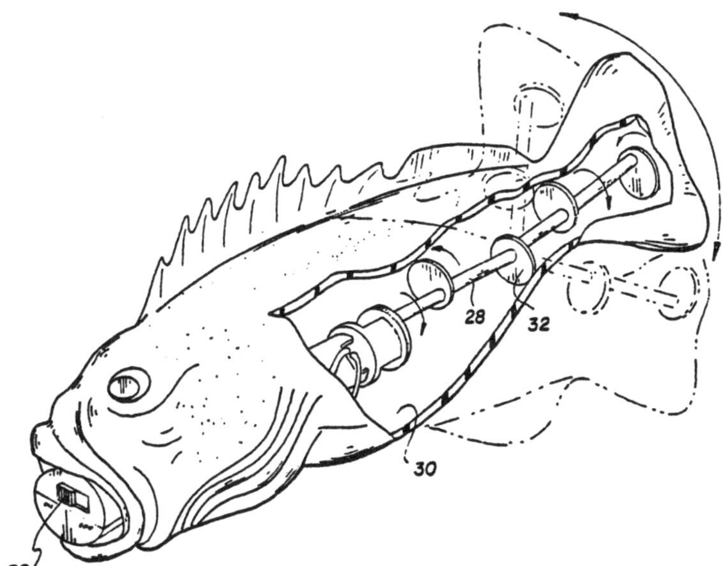

Klobrillen-Uhr

Patentnummer: 5,182,823
Patentdatum: 2. Februar 1993
Erfinder: Ron Alsip, Raynham, MA

In der modernen Familie gibt es meist zwei berufstätige Personen, die morgens beide unter Zeitdruck stehen und Toilette und Badezimmer zu ihrer Verfügung haben möchten. Das führt häufig zu Spannungen; die Situation spitzt sich besonders dann zu, wenn es im Badezimmer keine Uhr gibt. Diese wasserfeste Uhr, die in einer Vertiefung in der Klobrille (24) montiert ist, ermöglicht dem Benutzer eine ständige Zeit-Überprüfung. Der Toilettendeckel ist rechteckig ausgeschnitten (15), so daß man auch dann auf die Uhr schauen kann, wenn der Deckel heruntergeklappt ist. Das Ziffernblatt kann auf den Kopf gestellt werden, so daß die Zeit sowohl auf der Toilette sitzend als auch vor derselben stehend abgelesen werden kann. Es wird keine Angabe darüber gemacht, ob die Uhr auch mit einer Weckanlage ausgestattet ist.

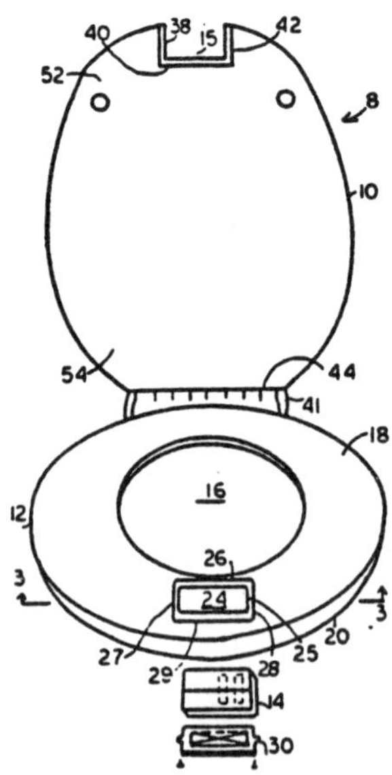

Ringerbett

Patentnummer: 5,182,824
Patentdatum: 2. Februar 1993
Erfinder: Nikolas A. Cipriano, Philadelphia, PA

Dieses Ringerbett stellt in optimaler Weise einen begrenzten und abgeschlossenen Bereich dar, so daß Kinder auch im Haus ihrem starken Bewegungsdrang freien Lauf lassen können. Die gesamte Erscheinung des Bettes verleiht den Ringspielen von Kindern eine realistische Umgebung. Seine Kompaktheit erlaubt es, daß das Bett auch in normalen Schlafzimmern aufgestellt werden kann. Die Konstruktion des Ringerbettes ist ausgesprochen solide, so daß es bei einem Aktivitätsgrad, der übliche Betten bereits beschädigt, keinerlei Schaden nimmt. Man kann es mit einer Federkernmatratze ausstatten, die einen noch größeren Schutz darstellt als übliche Ringermatten. Gepolsterte Eckpfosten und dicke elastische Seile sorgen für zusätzliche Sicherheit. Wenn das Kind müde wird, kann es das Bett natürlich als gewöhnliche Schlafstatt benutzen.

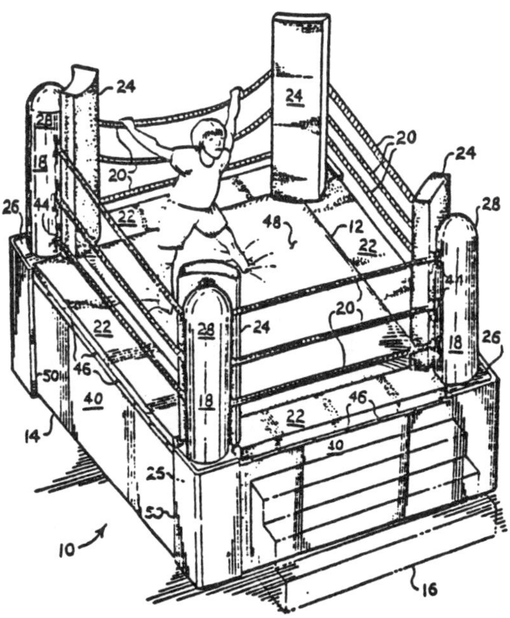

Zeitmesser zur Berechnung der Lebenserwartung

Patentnummer: 5,031,161
Patentdatum: 9. Juli 1991
Erfinder: David Kendrick, Berkshire, NY

Mit diesem Chronometer kann die noch zu erwartende Lebenszeit eines Menschen errechnet werden. Ein Mikroprozessor stellt das Vergehen der Zeit fest. Ein Reset-Speicher ist mit dem Prozessor verbunden, und speichert sämtliche Daten: Jahre, Tage, Stunden, Minuten, und Sekunden. Über verschiedene Knöpfe und Schalter hat man Zugang zu den gespeicherten Daten, so daß der Benutzer selbst seine ungefähre Lebenserwartung immer wieder neu feststellen kann. Der Benutzer bestimmt seine Lebenserwartung, indem er auf Tabellen zurückgreift, die statistische und individuelle gesundheitliche Faktoren miteinander kombinieren. In dem aufgeführten Beispiel werden dem Benutzer auf dem Display noch 37 Jahre, 110 Tage, 21 Stunden, 4 Minuten und 42 Sekunden als verbleibende Lebenszeit in Erwartung gestellt.

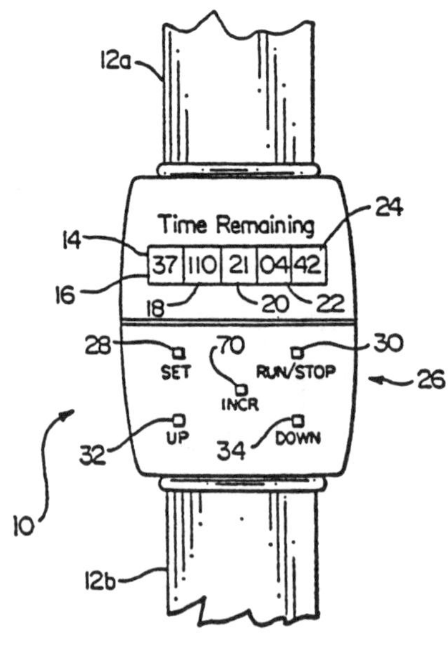

HAUS- UND SCHMUSETIERE

Haustiere bedeuten eine Erweiterung unserer eigenen Persönlichkeit. Daher ist es nur allzu natürlich, daß Erfinder auch das Leben unserer kleinen Lieblinge zu verbessern suchen. In diesem Kapitel stellen wir Erfindungen vor, die unsere Haustiere sauberer, glücklicher und bequemer leben lassen. Ebenso werden Erfindungen präsentiert, die eine Arbeitserleichterung für die Besitzer bedeuten.

Regenschirm für Hunde

Patentnummer: D.324,117 (Design Patent)
Patentdatum: 18. Februar 1992
Erfinder: Celess Antoine, Forestville, MD

Dieser eigens für Hunde entwickelte Regenschirm kann von dem Tier selbst getragen werden. Der Schirm wird mittels eines breiten Bandes um den Rumpf des Hundes befestigt. Er besteht aus durchsichtigem Material, so daß der Hund weiterhin in alle Richtungen schauen kann. In der Nähe der Nase sind Luftlöcher eingelassen, die für Sauerstoff sorgen und ein Beschlagen der Innenwände verhindern.

Elektrisch beleuchtete Hundeleine

Patentnummer: 4,887,552
Patentdatum: 19. Dezember 1989
Erfinder: James T. Hayden, Cincinnati, OH

Diese Hundeleine erhöht durch eine Reihe nahe beieinander liegender Lichtquellen die Sicherheit von Hund und Hundebesitzer. Die Leine wirkt wie eine »Lichterkette« zwichen Tier und Besitzer und ist auch noch auf weitere Entfernung in der Dunkelheit zu sehen. Die Leine besteht aus einem durchsichtigen elastischen Schlauch, in dem, durch einen Draht miteinander verbunden, 9-Volt-Birnen in einem Abstand von 2,5 bis 9 cm angebracht sind. Eine dünne Gummi-Verstärkung läuft an jeder Seite entlang. Die Handschlaufe und das Halsband sind ebenfalls beleuchtet. Ein Batteriegehäuse (30) mit Schalter (31) versorgt die Birnen mit Energie.

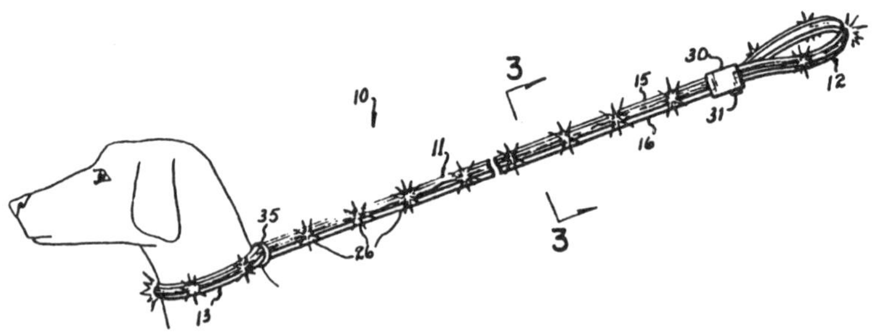

Spezialschutzhut für Tiere

Patentnummer: 4,969,317
Patentdatum: 13. November 1990
Erfinder: April Ode, Lake Havasu, AZ

Dieser Hut soll Vierbeiner vor den schädlichen Wirkungen extremer Hitze und Sonneneinwirkung schützen. Die Krempe schützt Augen, Gesicht, Ohren und Nacken des Tieres. Ein Kinnriemen verhindert ein Ver- oder Herabrutschen. In dem Hut ist außerdem ein schwammähnlich saugfähiges Material enthalten. Dieses kann mit einer kühlen Flüssigkeit getränkt werden, die dann langsam auf den Kopf des Tieres herabsickert. Das Verdunsten der Flüssigkeit sorgt für Kühlung, und das Tier behält auch an heißen Tagen lange eine angenehme und gesunde Körpertemperatur.

Trainingsanlage für Tiere

Patentnummer: 4,777,910
Patentdatum: 18. Oktober 1988
Erfinder: Francis H. Pecor, Greenville, SC

Aufgrund von Verletzungen, Krankheiten und nicht zuletzt aufgrund des Alters werden besonders die Hinterbeine der Tiere früh schwach oder sogar untauglich. Häufig liegt es u.a. daran, daß sie früher kein angemessenes Training erhalten haben. Dadurch könnten die größeren Muskelpartien aktiviert und stimuliert werden, Wohlbefinden und eine gute Kondition des Tieres wären die Folge. Mit dieser Erfindung nun können die altersschwachen oder verletzten Hinterbeine eines Tieres trainiert werden, indem es lediglich seine Vorderfüße ganz normal bewegt. Die Anlage besteht aus zwei Speichenrädern, die durch einen u-förmigen Rahmen (12) miteinander verbunden sind. An der Stelle, wo der Rahmen auf dem Rücken des Tieres aufliegt (30), ist er gepolstert. Die beiden für die Hinterbeine vorgesehenen Vorrichtungen (16) enthalten jeweils einen elastischen Plastikschuh, in dem je eine Hinterpfote des Tieres ihren Platz hat. Die Hinterbeine des Tieres werden trainiert, indem sich die Räder drehen und die daran befestigten geschwächten Beine auf- und abschwingen.

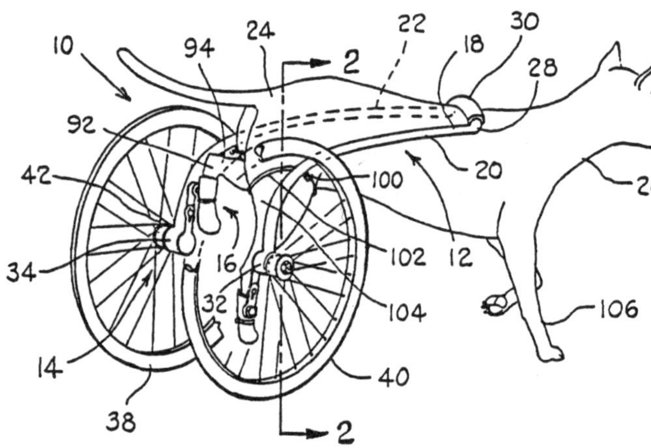

Mechanische Kraul- und Liebkosehand für Haustiere

Patentnummer: 4,872,422
Patentdatum: 10. Oktober 1989
Erfinderin: Rita A. Della Vecchia, Bend, OR

Bei den bisherigen Erfindungen, die ein Haustier kratzen oder streicheln, handelt es sich um unbewegliche Apparate. Jede notwendige Bewegung muß von dem Tier selbst kommen, und der Apparat fordert für den richtigen Gebrauch einen relativ hohen Grad an Übung und Intelligenz auf Seiten des Haustieres. Bei dieser Erfindung ist allein die Anwesenheit des Tieres in unmittelbarer Nähe der Vorrichtung erforderlich. Das Kratzen, Streicheln und Liebkosen vollzieht der Apparat von selbst. Ein elektronisches Auge (60) registriert es, wenn das Tier unter der beweglichen Liebkose-Hand (44) sitzt. Das Auge aktiviert einen Motor und verschiedene Mechanismen, die dafür sorgen, daß sich die Hand um das Handgelenk (45) auf und ab bewegt. Der Erfinder glaubt, daß das Aussehen und die natürlichen Bewegungen der Hand dazu führen, daß das Tier die angenehme Behandlung, die ihm durch die Hand zuteil wird, mit seinem Herrchen assoziiert. Die Vorrichtung läßt sich zusammenklappen, wenn sie über längere Zeit nicht gebraucht wird.

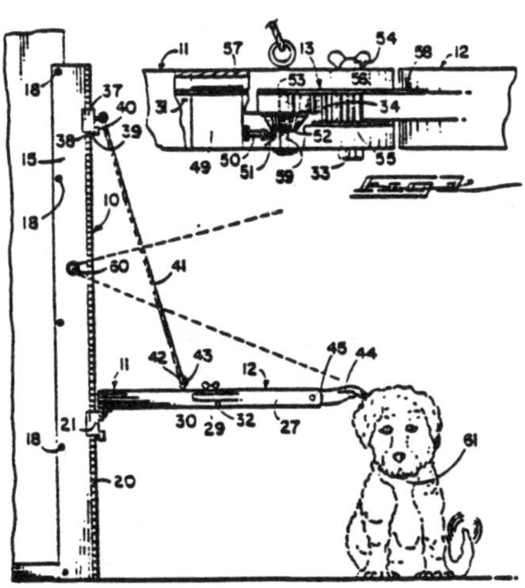

Ohr-Schutz für Hunde

Patentnummer: 4,964,264
Patentdatum: 23. Oktober 1990
Erfinder: Depy P. Adams, Charlotte, NC

Hunde mit Schlappohren, wie z. B. Cocker Spaniel und Setter beschmutzen sich beim Fressen leicht ihre Ohren. Dreckige Ohren sind unansehnlich und entwickeln schnell einen unangenehmen Geruch, wenn sie nicht häufig gewaschen werden. Dieser Ohrschutz kann über die Ohren eines Hundes gezogen und von ihm selbst nach der Mahlzeit wieder abgenommen werden (da der Schutz nicht festgeschnürt oder -gebunden werden muß). Die Ohrschützer bestehen aus einem Paar durchsichtiger »Zip Loc« Plastiktaschen, die durch ein biegsames Twistband zusammengehalten werden. Die Ohrtaschen werden beim Gebrauch lediglich über den Kopf des Hundes gehängt und bleiben durch das Gewicht der Ohren an ihrem Platz. Wenn der Hund mit dem Fressen fertig ist, kann man ihm das Ohrschützer-Set abnehmen, oder aber man bringt ihm bei, sie sich selbst abzuschütteln.

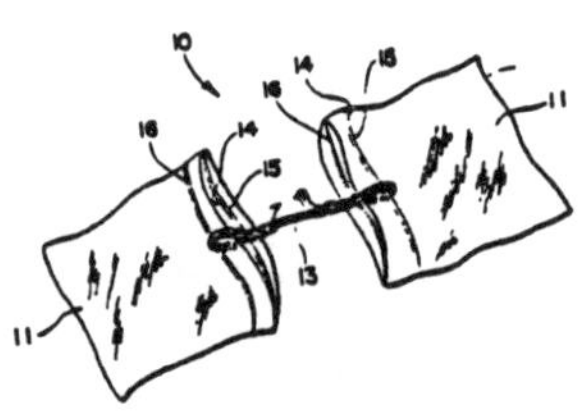

Beutelvorrichtung für Hundekot

Patentnummer: 5,146,874
Patentdatum: 15. September 1992
Erfinderin: Stella M. Vidal, New York, NY

In Stadtgebieten sind Seitenstraßen, Bürgersteige, kleine Gassen, Parks, Rasenflächen und Höfe permanent mit Hundekot verschmutzt, eine höchst unangenehme Angelegenheit für alle Fußgänger, die immer wieder versehentlich in die Haufen hineintreten. Sogar innerhalb öffentlicher Gebäude stößt man auf das gleiche Problem; auch die Besitzer selbst klagen oft darüber, daß Teppiche und Möbel durch die Exkremente ihrer Tiere ruiniert sind. Mit dieser Erfindung wird eine Zahl verschieden großer und verschieden geformter Beutel angeboten, in denen der Kot von Hunden, Katzen und anderen Säugetieren aufgefangen wird. Der Beutel ist der Anatomie des jeweiligen Tieres genau angepaßt, so daß es für das Tier nicht störend ist, ihn zu tragen. Eine Art Ärmel umschließt den Schwanz und verhindert ein eventuelles Herabtropfen des Urins. In der Sonder-Broschüre sind viele Variationen der Beutelvorrichtung abgebildet (155 Abbildungen), die jeweils auf die weibliche und männliche Anatomie des Tieres eingehen.

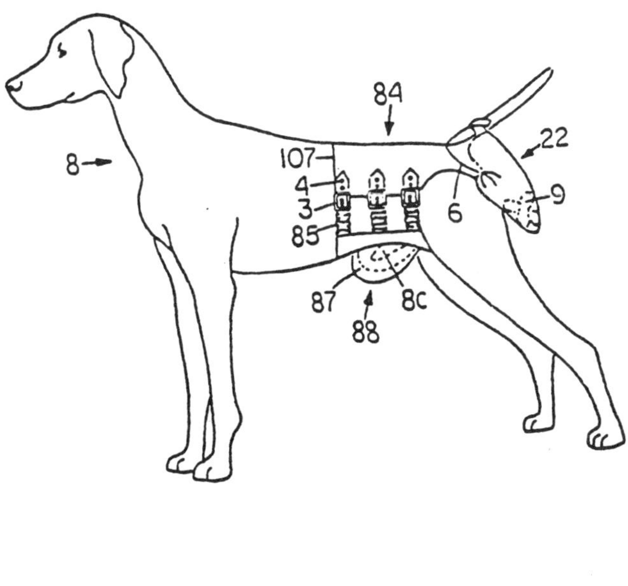

Begrenzungsvorrichtung für das Baden von Haustieren

Patentnummer: 5,243,931
Patentdatum: 14. September 1993
Erfinder: Richard W. McDonough, Cincinnati, OH

Beim Baden von Haustieren spritzen Wasser und Seife normalerweise in alle Richtungen, so daß anschließend das ganze Badezimmer unter Wasser steht. Darüberhinaus haben Katzen und Hunde die Angewohnheit sich nach dem Baden zu schütteln und dabei erneut überschüssiges Wasser an die gesamte Umgebung, einschließlich der Person, die das Tier gebadet hat, abzugeben. Mit dieser Erfindung wird ein abgeschlossener Haustier-Bade-Container vorgestellt, der die Schweinerei, die das Tier anrichtet, in einem begrenzten Rahmen hält. Die Grundfläche ist so bemessen, daß der Container in eine Standardbadewanne hineinpaßt; Rollen erleichtern den Transport des Tieres im Container. Eine Schiebeabdeckung mit Luftlöchern (105) verschließt den Container. Ein Geschirr hindert das Tier an zu starken Vor- und Rückwärtsbewegungen, während es für Seitwärtsbewegungen relativ viel Freiraum läßt. Für die Reinigung kann man die Arme durch enge Schlitze (30) stecken, um dann innerhalb des Containers einen Duschkopf zu betätigen (60), der an eine externe Wasserquelle angeschlossen ist. Durch das Ziehen eines im Container angebrachten Stöpsels (71) kann nach dem Bad das Wasser abgelassen werden.

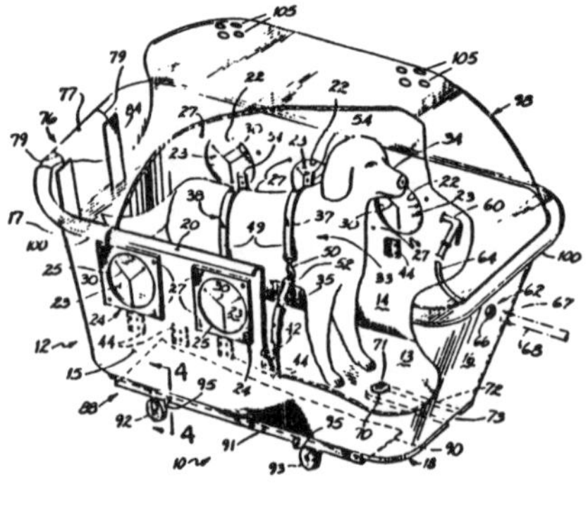

SCHUTZ UND SICHERHEIT

In diesem Kapitel werden die neuesten Erfindungen vorgestellt, die uns vor Überfall und Diebstahl (von leider oftmals gleichermaßen erfinderischen Kriminellen) schützen. Es werden auch einige neue Maßnahmen zur Unfallverhütung gezeigt.

Diebstahlsichere Handtasche

Patentnummer: 4,804,122
Patentdatum: 14. Februar 1989
Erfinder: Renor L. Knox, Corpus Christi, TX

Auf den ersten Blick erscheint diese diebstahlsichere Handtasche wie eine konventionelle Handtasche (11) mit Tragegriff. Eine verschließbare Taschenklappe (13) verbirgt eine Geheimhandtasche, die am Handgelenk des Benutzers durch ein Seil befestigt ist. Alle Wertgegenstände und das Geld des Benutzers sind in dieser Geheimhandtasche aufbewahrt, während die Haupthandtasche nur alltägliche Gegenstände enthält. Sollte die Haupthandtasche gestohlen werden, wird die Geheimhandtasche durch das Halteseil aus ihrem verborgenen Ort herausgerissen und bleibt am Handgelenk des Besitzers.

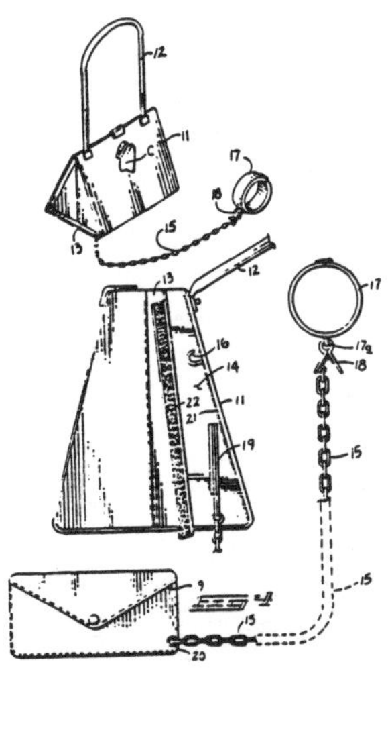

Motorrad-Schutzanzug

Patentnummer: 4,825,469
Patentdatum: 2. Mai 1989
Erfinder: Dan Kincheloe, San Clemente, CA

Die Überlebenschance sowie die Schwere der Verletzungen bei einem Motorradunfall hängen stark von der Art und Beschaffenheit der Schutzbekleidung ab, die der Fahrer trägt. Stiefel und schwere Lederbekleidung mögen relativ gut gegen Hautabschürfungen schützen, jedoch nützen sie wenig bei hartem Aufprall. Effektivere Anzüge sind entwickelt worden, wegen ihres raumanzugsähnlichen Aussehens und der mit ihnen verbundenen körperlichen Beengung sind sie jedoch nicht sehr beliebt. Der hier vorgestellte Schutzanzug ist nicht beengend und kann in einem durchaus modischen Design hergestellt werden, um den regelmäßigen Gebrauch des Anzugs zu erleichtern. Im Fall eines Unfalls wird Treibgas oder komprimierte Luft blitzschnell in den Anzug eingelassen, so daß die verletzlichsten Körperteile durch eine dicke Luftschicht abgeschirmt werden. Dieses Schutz-System wird auch als Jacke hergestellt. In diesem Fall füllt sich eine Art Kapuze unterhalb des Kragens mit Luft und schützt so den Kopf; außerdem bläht sich ein Teil unterhalb des Kragens auf und schützt den Fahrer bis zu den Knien.

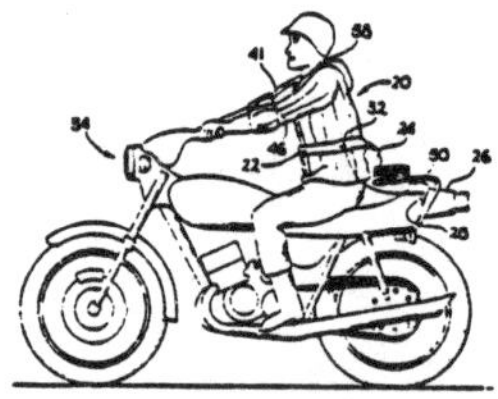

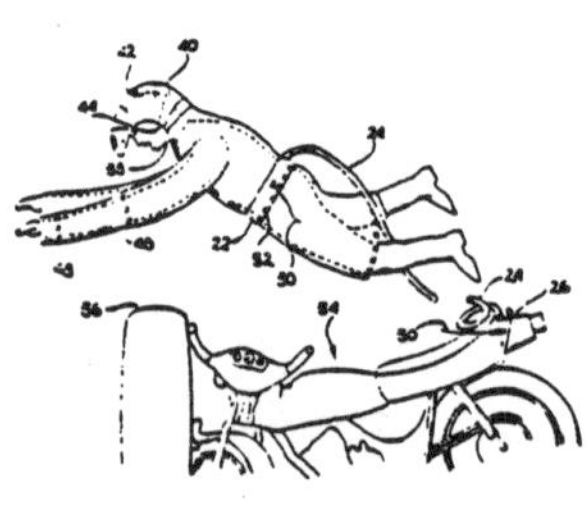

Schutzsystem gegen Angriff oder Überfall im Auto

Patentnummer: 4,821,017
Patentdatum: 11. April 1989
Erfinder: Yair Tanami
Yoav Madar
beide aus Gedera, Israel

Dieses System schützt einen Autofahrer gegen Angriff oder Gewaltandrohung von Mitfahrern. Je ein Elektrodenpaar (2, 4) ist im Beifahrer- und Rücksitz eingebaut. Jedes Elektrodenpaar ist mit einer batteriebetriebenen (10) Hochspannungs-Spulenzündung (6, 8) und einem Set motorbetriebener Breaker-Points (14) verbunden. Mittels zweier Schalter (18, 20) kann der Fahrer dafür sorgen, daß entweder der Beifahrersitz oder der Rücksitz oder auch sowohl Beifahrer- als auch Rücksitz unter Hochspannung stehen. Wenn der Fahrer nun von einem Beifahrer oder auch von einem hinten sitzenden Fahrgast bedroht wird, kann er seinen Fahrgast über einen Fußschalter einem schweren Elektroschock bis zu 60.000 Volt aussetzen. Das reicht aus, um einen Menschen bewegungsunfähig zu machen und führt dazu, daß er seine Waffe – wenn er eine in der Hand halten sollte – fallen lassen muß. Das System läßt sich auch über eine Fernbedienung steuern, so daß der Wagen, wenn er unbeaufsichtigt geparkt wird, vor Diebstahl geschützt ist.

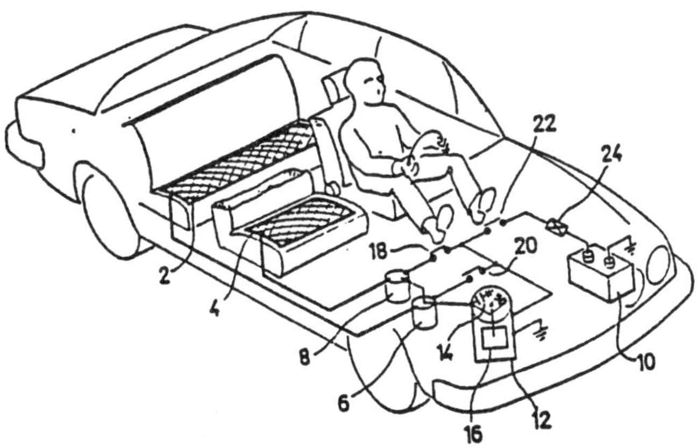

Schutz-Vorrichtung gegen Überfall

Patentnummer: 5,137,176
Patentdatum: 11. August 1992
Erfinder: Paul P. Martineau
Anne E. Martineau
beide aus Pocasset, MA

Bei dieser Schutz-Vorrichtung gegen Überfälle hat man es mit einer Wachs-Kapsel zu tun, die der Benutzer im Mund trägt. Die Kapsel ist mit einer säurehaltigen Flüssigkeit gefüllt. Im Fall eines drohenden Überfalls beißt der Benutzer auf die Kapsel, so daß die Säure in seinen Mund fließt. Er kann daraufhin im passenden Moment die Säure dem Angreifer in die Augen und ins Gesicht spucken. Die Lösung soll für die Mundschleimhäute nicht schädlich sein.

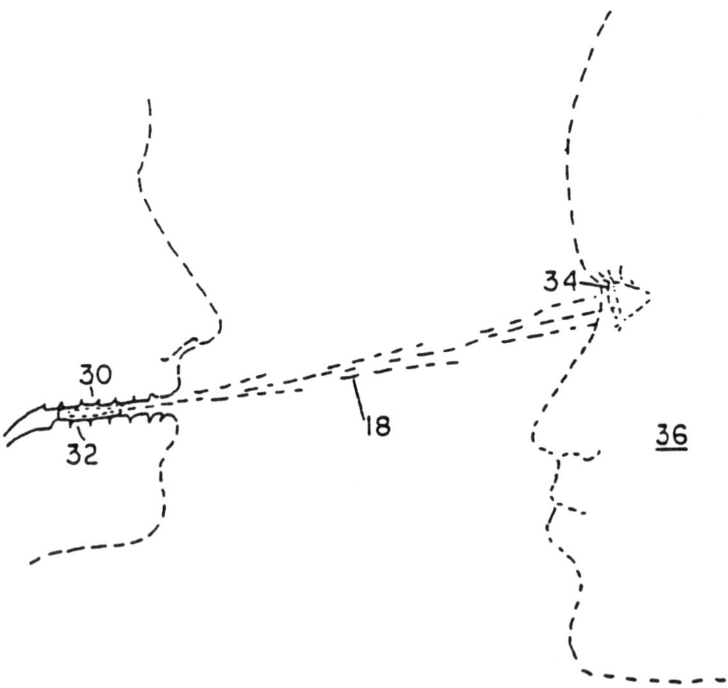

Nacht-Leucht-Stab für Jogger

Patentnummer: 4,957,057
Patentdatum: 18. September 1990
Erfinder: Albert Marcucci, Mississauga, Ontario, Kanada

Der Anblick eines Joggers reizt Tiere, vor allem Hunde, häufig dazu, dem laufenden Menschen nachzujagen, manchmal sogar dazu, ihn anzugreifen. Mit diesem Stab, der beim Laufen nicht hinderlich ist, kann man sich beim nächtlichen Joggen vor dem Angriff von Tieren schützen ohne sie dabei unnötig zu verletzen. Während der Griff (16), an dem man den Stab im Fall eines Angriffs faßt, aus festem Material besteht, ist das Schlagende (14) relativ weich und elastisch; falls es also nötig werden sollte, zuzuschlagen, wird das Tier keine dauerhaften Verletzungen davontragen. Außerdem ist das Schlagende mit dem Griff durch ein Scharnier verbunden, das bei heftigem Zuschlagen abknickt. Auch eine Rassel (40) ist in den Stab eingebaut, um bereits näher kommende Tiere abzuschrecken. Der Jogger ist darüberhinaus durch Reflektoren (26, 28) bei Nacht besser zu erkennen. Es wird nichts daüber gesagt, ob man sich mit diesem Nachtstab auch gegen menschliche Angreifer zur Wehr setzen kann.

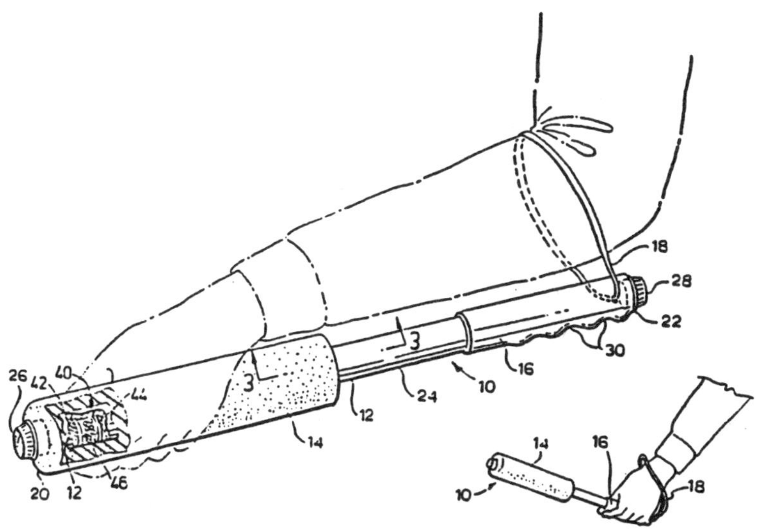

Spezielles Duft-Sprüh-System zur Verfolgung von Bankräubern durch Duft-Spürhunde

Patentnummer: 4,867,076
Patentdatum: 19. September 1989
Erfinder: Louis J. Marcone, Rochester, NY

Bei diesem Sicherheitssystem wird ein Bankräuber mit einem chemischen Duft besprüht; dieser Duft kann daraufhin von einem auf diesen Duft trainierten Polizeihund verfolgt werden. Bei dem Duft handelt es sich um ein ungiftiges, für Menschen geruchloses Spray. Eine ausreichende Duft-Mischung enthält Haifisch-Leber-Öl, Pflanzen-Ol, Pylam LX5880, Pylakrom-Öl und butterige Säure. Als Beispiel ist auf der Abbildung eine Vorrichtung in einem Bankschalter angebracht, die durch Betätigen einer Fußschaltung (38) das Spray abgibt. Durch zusätzliches Anbringen passender Einbruchs-Sensoren kann das Sprühsystem auch als Schutz für Fenster, Türen, Korridore u.ä. eingesetzt werden.

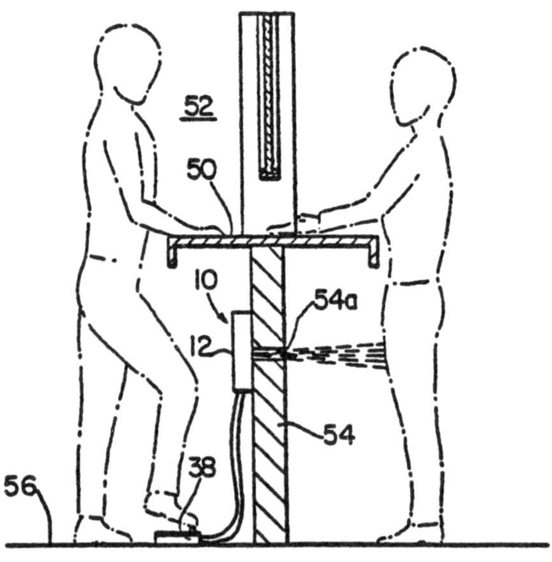

Diebstahlsicherung für Neugeborene

Patentnummer: 4,899,134
Patentdatum: 6. Februar 1990
Erfinder: Clifford R. Wheeless, Jr., Baltimore, MD

Diese Nabelschnur-Klammer enthält eine Vorrichtung, die das unerlaubte Bewegen und mögliche Entführen eines neugeborenen Kindes anzeigt. Sie funktioniert nach dem gleichen Prinzip wie manche Diebstahlsicherungen, die im Einzelhandel verwendet werden. Von einer Sende-Schleife auf der Türschwelle des mütterlichen Zimmers gehen magnetische Schwingungen aus, die mit einer in der Nabelschnur angebrachten Drahtschlinge in Verbindung stehen. Eine Empfänger-Antenne auf der Türschwelle entdeckt die Veränderungen in dem magnetischen Feld, wenn die Klammer (und damit das Kind) in Richtung der Türschwelle bewegt wird. Es wird daraufhin sofort ein Alarm in Gang gesetzt.

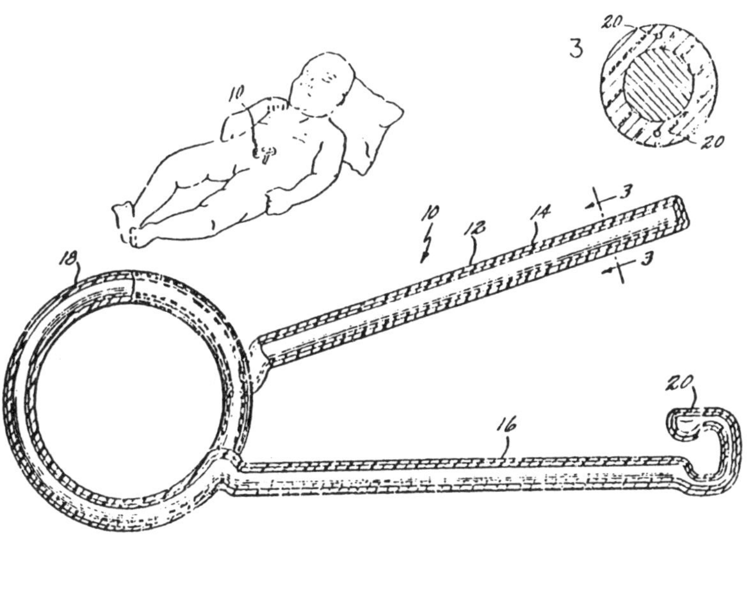

Erweiterte Handschellen-Ausführung

Patentnummer: 5,230,351
Patentdatum: 27. Juli 1993
Erfinder: Sahr A. A. Nyorkor, Indianapolis, IN

Bei dieser Handschellenausführung werden die Bewegungen einer Person mit ihren Händen in stärkerem Maße behindert als bei üblichen Handschellen. Sie verhindert grundsätzlich das Halten von Gegenständen, mit denen man sich selbst oder anderen Schaden zufügen kann, wie z. B. Pistole oder Messer. Die Ausführung besteht aus einem Paar unbeweglicher Metall- oder Plastikhandschuhe, die man an den Handgelenken einer Person mit der üblichen Handschellenvorrichtung befestigt. Eine kurze Metallkette verhindert es, daß man die Hände frei bewegen kann. Es wird nichts darüber gesagt, ob man mit den harten Handschuhen einem Menschen Verletzungen zufügen kann.

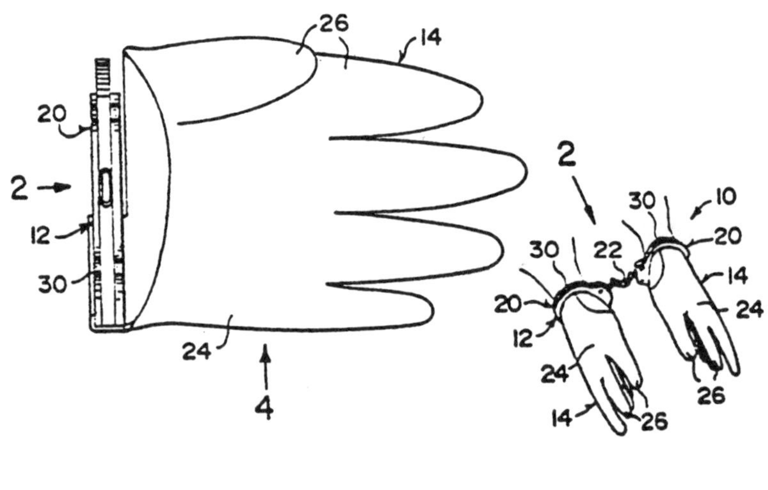